練習有風格

30個提升身心質感的美好生活提案

加藤惠美子——著
楊詠婷——譯

風格推薦

我是讀日文生活書與雜誌長大的，被日式生活態度獨特的洗練與清潔感、講究與專注，啟發、滋養著。其中，加藤惠美子的書就像是一位溫柔前輩的美好叮嚀，她對風格的見解無關奢侈品，而是日常的教養與修養。這是一本任何人都受用的品味教科書，真誠的實用建議，詮釋質感生活秘方，我預見自己也會一次又一次閱讀，如醍醐灌頂。——生活美學作家｜**許育華**

每次的練習，都是學習看見自己。作者以生命經驗提出30個穿衣、飲食及住居的建議方針，從照顧物品到照顧自己，進而發現生活中的知識、智慧，給予在現代社會中安身立命的提醒。我們可以藉由這些提案，看見自己的各種面向，就像是人生的拼圖。減少物品、減少對環境的負擔，同時也放下了壓力，練習有風格，也練習回到真實的自我。——人生整理教練｜**廖文君**

風格令人嚮往，而練習令人逃避；但在建立自我風格的過程中，有些堅持真的會讓你一年後截然不同。就像我協助客戶規劃衣櫥時，衣架務必要顏色一致，只要不顯凌亂，維持也更有動力。我最推薦的本書使用方法，是選擇幾個你有感的提案，在生活裡實踐看看，並修改成適合自己的規則。你也對有質感的身心生活躍躍欲試，又聽膩了許多「你應該」的作法嗎？帶著這本書和實驗的精神，創造自己的風格吧！——衣櫥醫生｜**賴庭荷**

前言

日常生活是一種藝術，也是文化

處於當前此刻的我們，已到了重新檢視一切、再也不能忽略現實的時候。身為地球上生存的一分子，我們不能再揮霍浪費，而所謂多餘之物總會派上用場的「這一天」，永遠不會到來。

然而，只要活著、只要生而為人，也都嚮往著真實自我的豐富，希望美好的事物能常伴左右。活出美好、活得充實，應該是許多人發自內心的夢想與追求。

不知不覺，我從事住居空間設計已有很長一段時間，而在二十一世紀的現今，人們會希望以什麼樣的生活做為幸福的基礎呢？本書將以衣・食・居為起點，提供30個提升身心質感的風格塑造提案，希望能幫助各位實現簡約、豐富而美好的人生。

當我們了解什麼是奢華的真義，增加與上質真品邂逅的機會，就不容易被不相襯的華麗所惑，同時能放下無用的執著，時時檢視當下的自己，過得更清爽、平衡，也更自在、從容。日常生活是一種藝術，也是文化，衷心祈願各位都能確立自己的風格、充實內在的感動，為生活去蕪存菁。

加藤惠美子

目錄
contents

1 避免疏忽而導致的浪費

避免浪費最好的方法，就是盡量捨棄多餘的物件及不必要的動作。而在這之前最需要避免的，就是「因疏忽而導致的浪費」。

像是飲料喝得太急，結果不小心灑到衣服上，雖然要清掉污漬並不困難，還是多出了不必要的動作。

又比方說，因為睡眠不足或工作超載而不慎寄錯電子郵件，不僅事後必須向對方道歉、進行訂正，還可能引發爭論，最後必須登門解釋，連累旁人也得跟著處理與自己不相干的殘局。

當大腦被雜事占去重要的位置——像是睡得不夠、極度疲勞、因憤怒及震驚而陷入恐慌，或是過度驕傲自滿，就會變得疏忽大意或心不在焉，這時必須特別注意。想避免這樣的疏失，除了時時注意身體狀況，更要在平常就貫徹有所節制、對他人謙恭有禮的生活態度，保持細心與謹慎。

此外，**一旦因疏忽而犯錯，就要記取教訓、不再重蹈覆轍。除了要反省事情發生的原因，還要仔細思考檢討，讓今後的行為舉止更加簡潔有度。**

從錯誤中學習，「連疏忽所導致的浪費，都不要浪費」。

一開始就可以不弄髒

最常發生在服裝儀容上的疏忽，就是不小心弄髒或勾到，以致於事後必須清理及修補。其中又以用餐時不慎讓衣服沾上髒污最為普遍。若想避免這種疏忽，首要之務就是必須留意把食物送到嘴邊的姿勢，以及餐巾的用法。

當我們穿上為了重要場合特別準備的禮服，往往最容易在用餐時不慎弄髒或勾壞，這是因為緊張而導致注意力不夠集中，同時也是對身上穿的正式禮服感到不自在所致。

只有對身上的穿著感到自在，才不會緊張怯場，也更能從容不迫。這時禮服才算是真正地「合身」，與身體完全契合，不會因為太過在意而出現不自然的舉動。特別是在正式的晚宴等場合，如果穿著較性感的禮服，常因為要留意不時滑落的披肩等細節而手忙腳亂，造成各種意外。與其讓自己陷入這種窘境，不如一開始就避免選擇這樣的禮服，或是披上短外套及絲巾、在禮服內搭配一件透膚襯底，都是不錯的方法。

披肩可以用胸針固定，使其成為禮服的一部分，在室內可以圍著，也可以取下掛在手臂上，畢竟披肩最原始的作用原本就是遮擋髒污。

此外，不小心弄髒禮服時，千萬不要自己處理，這樣很可能會毀掉這件衣服，造成更大的損失。送乾洗時則要仔細挑選有信譽的專業商家，不然禮服拿回來可能都變樣了，導致額外的浪費。如果住家附近沒有可以信賴的乾洗店，最好向購買禮服的店家諮詢專業意見。

一般來說，想延長禮服的壽命，就要盡量減少清洗的次數，一旦禮服沾上較大片的髒污，聰明的做法就是交給專家處理。畢竟，穿上禮服後的從容舉止，還有保養禮服的正確方法，和羅馬一樣都不是一天可以造成的。

專注，是料理必需的智慧

廚房裡會發生的意外超乎預料地多，而且大都是慣性行為與過度自信所致。許多人應該都有一不小心就被慣用的菜刀切到手的經驗，這種稍有不慎即造成的疏忽最為常見。火災意外也是一樣。打開爐火的時候，絕對不可以走遠；反過來說，若有事必須離開，就一定要把爐火關掉。

即使原本只打算走開幾分鐘或馬上回來，但意外在所難免，一旦出現始料未及的狀況，很可能就忘了火還沒關上。此外，就算人在現場，若不仔細留意火勢，也可能一瞬間就把鍋子燒壞了。尤其是自以為熟練地同時開了好幾爐火，想要一心數用時，更容易稍不留神就把料理燒焦或煮得過熟。

即使沒有嚴重到釀成火災，每個人家裡少不了都會有空燒煮壞的茶壺、或除不掉焦垢的鍋子。燒焦的鍋子可以用小蘇打浸泡、或是以清潔劑分解焦垢後洗淨。當然，如果一開始沒把鍋子燒焦，就不必浪費這些時間。再者，為了快速去除焦垢而使用強力清潔劑，不僅污染環境，還得拿著菜瓜布用力刷洗，更是浪費體力。

最可惜的就是那些燒壞的料理——鍋子可以回復原狀，但燒焦的料理只能丟棄。就算因為惜物只丟掉燒焦的部分，整鍋的焦味還是難以去除。只是簡單的烹調失敗，卻浪費了食材、料理時間，還要付出再煮一次所需的工夫與材料，這些全都是失敗所浪擲的成本。

據說有智慧的人都擅長料理，我想這裡的智慧應該是指——擁有出色的專注力，並且深刻理解粗率大意所造成的後果。

不要把責任推託給物品與空間

住家內會發生的意外層出不窮，畢竟這裡是讓人最放鬆、也最無需留意行止的地方。家中遇到的意外事故，也可能在其他地方發生，所以住居是練習專注力的最佳場所。

例如在家上樓梯時，通常不太會發生意外，但下樓梯時就常因匆忙而踩空，要格外小心。如果換了房子或搬新家，除了樓梯之外，更要留意屋裡每一處有高低落差的地方。匆忙地上下樓梯和小心地上下樓梯，其實差不了多少時間，謹慎行動才能避免不必要的意外。平常也要多鍛鍊雙腿的肌肉，走路時腿若抬得不夠高，就很容易絆倒。

在家中打開廁所門或房門時，也經常會不慎撞到人，雖然這可藉由裝設內開門或拉門來避免，但還是不要習慣站在門前，以免被突然打開的門撞傷。

平常要仔細安排物品的收納位置，重物或底部不穩的東西不要放在高處，即使放置在地板上，底座不穩的物品也要加以固定。事先留意這些小細節，就不會被高處落下的物品砸傷或把東西摔壞，也就省下收拾殘局所浪費的時間。

住家絕不是靜止的空間，而是包容我們所有行動的環境，會隨著我們的舉止反應產生不同的氛圍。

所以，不要將屬於自己的責任推託給空間及物品，而是養成鎮定、細心與得宜的生活習慣，避免各種疏忽所造成的浪費。

2 物盡其用

隨意亂買是一種浪費，買了卻堆在櫃子裡捨不得用，更是浪費中的浪費。**所謂的「節儉」並非是要剝奪購物的樂趣；不浪費的生活，也不是什麼都不買，而是要在生活中徹底有效地使用所有東西**。

萬一買了不需要的東西，也不必太過自責及懊惱，只要努力思考如何善用這些原來無用武之地的物品就好。既然買了下來，就有責任設法使用它。

至於瓦斯費、水電費之類的日常花用，就需要維持儉約，在平時即養成不隨意浪費的習慣。此外，也不要大量囤積衛生紙或調味料等消耗品，試著把店裡的商品當成自家的庫存。消耗品的基本使用原則，就是要在適當期間內用完，或設法盡量運用、不要浪費；相反地，非消耗品則要細心維護，才能長長久久地使用。

如果非消耗品暫時失去了用處，試著改變使用方式，或許可以找出其他功能，這樣的靈活變通也算是另一種「物盡其用」。

最理想的狀況是，一開始就不要購買無用之物，真覺得不便時再買也不遲。購買日常用品或衣物時，可以先考慮一晚，第二天若還是想要，就可以入手採購。

有時的確會遇見千載難逢的珍品，但若仍有猶豫，就表示它可能還未完全符合你理想中的要素；要是沒有遲疑，則可以盡情享受邂逅的緣分，而一旦成為它的主人，就要物盡其用或靈活運用。

「物盡其用」消耗品、「靈活運用」非消耗品，這是避免浪費的唯一準則，同時也能再度確認每樣物品存在的理由。

盡力穿搭改造，避免束之高閣

在以往的年代，通常會把衣服穿到不能再穿為止，如今這樣的觀念幾乎已不復見，還能穿卻不再穿的衣服堆滿了衣櫃，形成一種浪費。接著我們就來看看，如何藉由穿搭與改造，讓服裝物盡其用。

- 衣服變得不合尺寸時，不要直接打入冷宮封藏起來，試著修改一下。
- 即使風格不適合現在的自己，也可以利用材質及花色重新改造。
- 在丟棄及封藏之前盡力嘗試各種變化，不放棄任何可能。
- 改變搭配方法、或找出已經不用的圍巾等配件，嘗試不同的組合。
- 舊衣可以剪成布塊，做成隔熱墊或抹布。雖然便宜的隔熱墊或抹布垂手可得，但不妨好好利用這些衣物，為它們創造第二生命。

「避免浪費」與「節省儉約」看似類近，其實並不一樣。就大部分的東西而言，與其重新改造，還不如買全新的比較經濟實惠；只不過，在節省儉約之前，先思考如何避免浪費，才是更符合現代精神的生活方式。

如果物盡其用是避免浪費的方法之一，我們或許應該從頭檢視自己挑選服裝的標準。我曾和某位女士討論過穿搭問題，當問到她喜歡何種襯衫時，她說自己都是挑選容易熨燙的材質。這是因為具備要長久穿著的認知，才會考慮到事後的維護及保持。而某些材質特殊或裝飾複雜的衣服，基本上無法下水清洗，只能靠通風晾乾來延長穿著的壽命。

所以，最重要的觀念是——**不要因為方便就購買廉價品，一開始就應該以最高的標準，選擇最適合自己、時時想穿在身上、所到之處都會受到讚賞的衣服，使舉止優雅洗練。**謹慎地保持潔淨並細心維護，更能讓服飾發揮最大的魅力。

徹底使用食材，自製調味料

徹底使用食材、不留廚餘，是避免浪費的最佳方法。

例如，吃完火鍋後經常會剩下青菜等食材，通常不夠用來做另一道菜，只好丟棄。

這時不妨參考以下的做法——

・剩下少量青蔥時，可以切段或切碎後冷凍起來，做為煮湯或煮菜時灑的蔥花。

・柚子可以切成薄片冷凍保存，分量多時還可以加入薑泥做成柚子醬（做為冬天喝紅茶或吃巧克力火鍋的配料）。

・剩下的胡蘿蔔可以切成細絲曬乾，變成好喝的胡蘿蔔茶。

有些無法冷藏的蔬菜容易腐壞，買回來之後最好馬上進行乾燥、蒸煮等處理，才能避免浪費——

・香菇或金針菇等菇類可以拆開曬乾之後冷凍。

・薑很難冷藏，可以用報紙包裹後放入塑膠袋常溫保存、或切絲曬乾。願意多花點工夫，也可以先削皮處理。薑皮可以和小魚乾、柴魚片、昆布、醬油、砂糖及酒一起燉煮過濾，做成美味的沾醬；莖可以切成薄片做成醋醃或蜜漬薑片，方法很多，可說是毫不浪費。

・洋蔥可以切成薄片醋醃，用來炒菜很方便。

就像這樣，一旦對浪費食材產生了罪惡感，自然而然會物盡其用。

想避免浪費食材，就要做出吸引力不遜於加工食品的成品。市售的醬料及加工過的特別調味料，因為大量、便利，經常會用不完，不知不覺就放過了賞味期限，最後只能丟棄。如果懂得將單一的味噌、醬油、醋、砂糖、鹽、芝麻油、橄欖油或香料等組合搭配，就能自製調味料，不但有益健康，更可以按照個別需求調製合適的份量與口味，絕對不會浪費。

現在用不到，以後多半也用不到

住居是由「物品」、「空間」以及「居住者的行為」三者共同構成。就算空間再寬廣，一旦堆滿了物品，人的活動範圍就會受限，空間也未能完全善用而導致浪費。空間的寬敞度，還需要與活動時的自在舒適互相配合、取得平衡。

想讓空間更顯餘裕，就不要堆積無用的東西。當多餘的雜物被丟棄或賦予新的用法，而讓出更多空間，無論寬敞或狹窄，都能構築出讓自己滿意的住居，創造怡然的生活環境。如果一直覺得空間狹小，則有必要整理或置換家中的物品。在家裡多招待客人，也是靈活運用住居，讓生活更豐富的方式。

家中需要什麼物品，與個人的行為有關，因此一開始就要以生活行為為中心，來決

定物品的數量及擺放的位置。以此為基準來取捨必需品，可以從每項生活行為的軌跡中找到重複存在或存量超過所需的東西，接著再進行處理，就能避免浪費。

不過，聖誕節及新年的裝飾品或餐具等不會天天使用、卻一定會用到的東西，則應該當成必需品妥善保存。

要提防這項迷思——「現在用不到，但哪天或許會派上用場」。事實上，會讓人這樣想的物品，往往都沒有機會用上，而是永遠被遺忘或封藏。很多人都碰過把東西丟掉才突然要用的狀況，因而印象深刻，導致往後丟棄時變得過度謹慎，物品就永遠處理不完了。只要把考量的焦點放在當下及不久的將來，就不會難以決定。

妥善運用物品，是讓人感覺更舒適美好的關鍵——例如，整理和展示紀念品、裝飾品及個人收藏，都能讓空間更為寬闊、美觀。所以，把寶貝的收藏拿出來布置空間吧！

此外，想要有效管理日常備品、減少浪費，最好的方法就是將收納這些東西的區域整理得一目了然，附上有照片的列表也很有幫助。

3 讓「喜好」與「適合」變得一致

一旦清楚自己的品味，就不會無所適從地看到什麼都喜歡、都想入手，也就不會浪費金錢與時間。

以自己的獨特品味為軸心，再往外延伸嘗試，會讓品味更有深度，否則喜歡的東西就會過於豐富，導致衣．食．居都顯得雜亂無章。

缺乏主軸、過於豐富的喜好會互相抵制，散發不出獨特的魅力。例如，同時喜歡義大利現代風及韓國古董風，就把這兩種風格的家具一口氣都塞進狹小的住居裡，那會變成什麼景象？兩種截然不同的風格，除非有著歷史根源及文化上的共通點，實在很難和諧共存。

生活空間與居住者的服裝品味若是相差太遠，也會導致空間和服裝的浪費。畢竟日常生活是由衣．食．居所構成，只有這三者的風格品味共通一致，才會更顯精緻、更具魅力。

如果喜好的範疇實在太廣、難以決定，那就以「適合自己的風格」做為選擇的基準吧！當「個人的喜好」與「適合的風格」變得一致，就能打造簡約、舒適的品味生活。

個人的喜好與適合的風格若能一致，對服裝穿搭和住居環境都會形成重要的影響。個人喜好若與生活方式同步相應，住居就會展現美感。要是真的無法統整，最好壓抑個人喜好，優先選擇適合自己的物品，才能減少無謂的浪費。

當「喜好」與「適合」恰好一致時，也代表你對自己的認識是清楚、**正確的**。**相反地，若是兩者差異甚大，很可能意味著你並沒有接受真實的自己**。只有愛上適合自己的風格，才能養成簡約又洗練的個人品味，也代表著更加珍愛自己、重視自己。

先選適合的剪裁，而非喜歡的顏色

聽到別人稱讚自己的洋裝很漂亮，不見得就代表這件衣服適合你，那也許是衣服太搶眼，對方稱讚的焦點是服裝而不是人。當個人對服裝的喜好傾向與適合風格變得一致，衣服才能穿得長久，自然不會浪費。

人們常會執著於某種喜歡的顏色，選擇服裝時就以此為基準。如果喜歡的顏色適合自己，實屬幸運；但大多數的情況都是喜歡的顏色不見得適合自己。如果你容易被色彩誘惑，比較聰明的方法是，在選擇衣服時暫且忘記顏色這件事。

款式及剪裁主導著服裝的材質及色彩。服裝設計中有一些基礎原則，這種款式剪裁要搭配這種材質、這種材質較適合這種色彩……所以，**選購服裝時最好從款式及剪裁著**

手，**先判斷是否適合自己；只要沒有問題，再確認材質是否得宜、顏色是否相襯即可。**

花色圖案適合風格華麗或個性強烈的人，因為這類圖案較為搶眼，容易蓋過個人特質，也比素色更難搭配，比較會讓人看膩。所以，除非花色圖案真的很適合自己，最好不要輕易嘗試。

穿上自己不是那麼偏好的衣服，卻被身邊親近的人稱讚「非常好看」時，就表示那種風格的衣服或許也適合你。你可以試著攤開自己所有的衣服，做一次品味測試，把這些衣服當成是別人的，想像每一件衣服適合什麼樣的人，然後逐一分類。

分類之後，要是出現了好幾種不同類型，就要小心了，你得仔細留意自己到底更適合哪一種風格。如果所有服飾的風格都呈現一致，則沒有太大問題，接下來只要從中找出最適合自己的衣服，這些裝扮會讓你看起來更美。

不吃眼睛想吃的，要吃身體需要的

所謂「適合」的食物，就是身體需要的食物。

為了健康，我們總是被叮嚀不可以挑食或偏食，但如果觀察百歲人瑞或長壽的老人家，卻不一定如此，甚至有很多人是隨心所欲地吃自己想吃的東西。

雖然只是我的猜測，但那些長壽老人喜歡吃的，應該跟他們的身體當時需要的東西是一致的。反過來說，因為糟糕的飲食習慣而罹患疾病的人，或許是處於現代的環境中，以致於失去了那份敏銳。想去流行的店、或是購買當前爆紅的美食，都與身體的呼求無關；眼睛想吃的，並不一定是身體需要的。

身體需要的，是保持健康所需的營養素。每個人都應該攝取這些營養素，但有些特殊需求會隨著個人體質及當下的體況有所差異。**只要當下想吃的就是身體需要的東西，使「喜好」與「適合（當前體質）」的食物合而為一，就能常保健康。**

此外，要配合家人的體質來準備料理時，必須比本人更了解他們的身體此刻最需要什麼。如果家人覺得好吃，就代表他們的身體現在想吃這些食物，這才是最優質的家庭料理。例如：

- 早春可以料理略帶「苦味」的蜂斗菜、油菜花、土當歸、蕨菜、薇菜、橐吾、艾草、竹筍等，讓身體從冬日中甦醒。
- 夏季疲累的身體需要「酸味」。
- 秋季適合「鹽味、辣味」，可以嘗試鹽燒秋刀魚。
- 冬天需要「甜味」，可以燉煮紅燒小魚或甘露煮等料理撫慰身體。

基本上來說，蔬菜或魚類等當季食材都是身體渴求的食物，只要靜心傾聽身體的聲音，就能知道自己喜歡的食物是否對健康有益。

貫徹品味，排除「不純粹」的物質

住家雖然是我們最常待著的空間，卻也是最難使個人喜好與適合風格呈現一致的地方。由於它還需顧及太多有別於喜好及風格的要素，因此很難將這個概念貫徹到底。如果是食物或衣服，只要願意就能馬上嘗試，但想要住在何種類型的房子、擁有哪款風格的房間，卻不是這麼容易就能加以體驗，到頭來不是造成多餘的浪費，就是讓住居變得雜亂。

話雖如此，也不是絕不可行。首先，可以從自己的房間開始確立品味，從家具到小物，慢慢收集自己喜歡的造型及色彩。一旦房間出現雜亂感，就代表放了太多不符合自身品味的東西；如果全是與自我品味一致的物件，再多也不覺雜亂。

想讓房間的陳設配置貫徹個人品味，就要排除許多不純粹的物質——像是基於實用和便利才選購的東西；或是未考慮造型及色彩、只是具有其他意義的物品（禮物、流行品、旅行伴手禮）等。

在私人臥室之外，與家人共用的空間及待客區域，則可稍微收斂自己的品味，以展現家庭生活的風格與理念為主。住居的樣貌並不只是依照自己喜好的型態、色彩及材質等決定，而是要讓家具擺設的種類、門窗的位置與尺寸，以及根據本身生活行為所構築的空間，都能取得和諧流暢的互相作用。而品味，就是最後展現的整體成果。這也代表著，當前的生活行為，決定了這種住居風格到底適不適合你。

旅行時所投宿的飯店及友人的住家，都是讓自己體驗不同空間的理想機會。無需羨慕或讚嘆，而是要藉機思考那個空間是如何帶來舒適自在的感覺，從而提升自己的品味。

4 建立基本風格

餐具選這種類型、服裝挑那種款式，渡假就去這些地方……**當我們對生活中的每個細節都擁有「基本風格」，心情就不會浮躁，生活也更恬適、平靜**。擁有自己的「基本風格」，是避免浪費的重要方法。

或許有些思想固執或眼界偏狹的人會覺得，一旦建立了自己的基本風格，生活就會變得枯燥乏味，或是只能欣賞世界極小部分的美好……因而對此有著莫名的恐懼。

建立基本風格確實需要勇氣，同時也要對現今的自己有正確的接納與理解。更何況很多時候，我們還是會因為情境、感受或衝動，渴望一些與既有風格不同的東西，而一旦買下了它們，就有責任善加利用。

此外，人的一生中會面臨無數次環境、際遇及人生階段的改變，在這些時期都需要再次檢視自己，以重建新的風格。生活方式改變了，基本風格也要跟著調整。

這也就是說，我們雖然有必要建立基本風格，但無需誤以為現在的風格就代表全世界。除了自己的風格，也必須認識其他的品味，如此一來，當人生出現變化時，這些知識將有助於我們快速地重建嶄新的風格。

當改變的時刻來臨，請記得拿出勇氣推翻過去的自己。

以款式或顏色決定服裝風格

確立自己的服裝風格，是最不浪費時間、金錢的穿搭技巧。

最適合大多數女性的穿搭，就是襯衫＋裙子（長褲）。這樣的組合可以視季節搭配外套或羊毛衫，正式裝扮或休閒穿搭都很適宜，只需在材質及色彩上稍做變化，不但頗具英式風格，更是基本款中的基本款。

裙子以長度最為重要（褲子則是褲管寬度）——中長裙、迷你裙、及膝裙……找到最適合自己的長度之後，就要留心別輕易改變；另外也要了解自己適合的是A字裙或緊身裙等款式。適合短裙的人，則要特別注意襪子的花色。

襯衫最好選擇較有個性的素色，而且是適合自己的顏色，再配合季節靈活穿搭。花色襯衫的駕馭難度較高，很有可能還來不及確認是否適合，就喧賓奪主蓋過了你自身的魅力，最好避開。接著是領口，要找出最能襯托自我特色、服貼適合的領型。

襯衫選好之後，就可以決定裙子（褲子）是黑色或深藍色，並且選擇與其同色的外套（套裝），搭配黑色的鞋子。不過，如果裙子（褲子）是咖啡色系，鞋子最好也選擇同一色系。

還有一種基本穿搭組合是連身洋裝＋（同材質）外套。依款式而定，有些洋裝在下班後脫下外套就能變成晚裝，也能配合氣溫在穿著上做出調整。外套可以選擇不同款式以展現女人味或幹練感，無論做為搭配或改變氣質都很理想。

另外，也可以運用顏色來確立基本風格。例如白色，嚴格區分起來也有偏黃或偏藍之別，需要仔細研究自己到底適合哪一種白，想將顏色統一為駝色和黑色時也是如此。無論哪一種顏色，款式及材質都非常重要，還要嚴謹地注意領口造型、袖子的寬度與長度等細節。

一旦確立適合的穿搭風格，就不會被顏色及款式所迷惑，也能勇於嘗試更多材質。若想增加亮點，則可以從一到三種適合自己的顏色中，挑選飾品等配件來製造效果。

擁有自家的私房風味

私房的家庭料理，代表著這個家的基本風味。家庭料理的重點在於：一、營養均衡；二、簡單易上手；三、色香味俱全。**反覆製作自家的私房料理，不僅讓手藝精進、動作也更為俐落，使料理更見美味**。

同一種食材可以做出各種菜色，若總是對菜式三心二意，就很難建立起自家的基本風味。不過，既要營養滿分、又要簡單美味好上手，可供選擇的菜色已減少許多，再加上對家人喜好的考量，方向就會更加明確。

既然是私房家庭料理，就不一定非得是某道已經存在的菜色。只要以蔬菜顏色為中心，確定能吃到五色蔬菜（紅、黃、綠、白、褐）即可。

其次，不要偏愛特定的食材種類。除了當天要做的菜色，可以在（每週一～二次）採買食材時順手做好便於保存的常備菜，既能精簡料理時間，在菜色搭配上更能達到營養均衡。

建立家庭私房料理的基本風味，首先要決定不同季節的常備菜。例如，秋天到冬天的常備菜是「佃煮」（用醬油、糖及酒等燉煮的魯菜）卯花及昆布（可以用煮湯頭剩下的昆布）、醋漬蕪菁、涼拌紅白蘿蔔絲、燉蔬菜（牛蒡、蓮藕、乾香菇、南瓜）、什錦炒菇、清蒸蔬菜（花椰菜、紅蘿蔔、甘藍芽）、酒糟紅白蘿蔔、炸豆腐皮、燉豆、蔬菜燉肉鍋、豬肉味噌湯等。春天到夏天的常備菜則是醃黃瓜、酸醃菜（marinade）、普羅旺斯雜燴、醋醃茗荷、清蒸茄子、番茄濃湯及馬鈴薯沙拉等。

如果家裡常吃火鍋，吃剩的蔬菜可以製作成另一樣常備菜；假使常煮咖哩，多出來的食材則可以做成蔬菜燉肉鍋或義大利肉醬。

除了火鍋之外，只要是加入大量肉類及蔬菜烹煮的菜色，都可以成為家庭的基本料理。蔬菜湯及豆子湯是其一，法式清湯、香炒蔬菜醬底（soffritto）（橄欖油炒洋蔥、紅蘿蔔、西洋芹）等也都可以做好之後冷凍保存。

「生活風格」並不等於「生活習慣」

接著我們要思考在住居中的生活行為，也就是「生活方式」的基本風格，這是由職業、家族成員和人際往來的模式所構成。

無論家中女性是否為專職主婦，現今的時代講求凡事自己動手，各種生活事務與作業都需要家族成員擔負不同的任務。如果無法妥善分攤，可以考慮尋求外援，或是不採均等制，而以能力來配置。例如家中的清潔打掃工作，一旦決定了由誰擔當，含外包的清潔服務在內，相關的維護管理都可以交給同一個人負責。

另一個要點是，全家人都必須清楚家中所有物品的收納位置。雖然把物品展示在外，就不需詢問他人，使用也很方便，住居環境卻會變得雜亂。無論是廚房、浴室及客廳的收納，「什麼東西放在哪裡」，都應該根據家庭成員的行為模式來決定，而且每個人一旦需要時，不必詢問就能立刻拿取。如果整理者只是隨意將東西收納起來，沒有放在固定位置，需要時就只能問整理者本人，別無他法。

這些基本原則和家中成員的數量無關，即使「獨居」也是一樣。一個人住的時候，所有生活事務除了自己動手，就是利用外包方式輔助。以「星期幾做什麼」的方式訂定計畫，是很有效率的方法。將各項工作按照間隔較短的輪替週期完成，就不會形成太大的負擔。

我們很容易將「生活風格」與「生活習慣」混淆——**再不自然的作法，只要做過三次就會變得習慣，人類就是如此容易妥協。相對地，生活的基本風格是讓生活行為變得精鍊、自在的一種模式**。為了讓生活更有效率、避免浪費，就必須經常改良這個模式。

為了不讓生活習慣變成基本風格，只要對東西擺放的位置或使用方式產生三次不自然、不方便的感覺，就要馬上調整改變。生活方式的基本風格，需要和全家人一起思考並建立。

5 精簡物品

展開新生活時，大部分的人都會滿懷期盼、對許多事躍躍欲試。若不想毫無節制地大肆採購，最好預先設想各種情況，再買齊真正的必需品。

思慮周延的人會先擬定預算，認為如此即可隨時妥善因應；但凡事總有萬一，如果總是遍尋不著良品好物，有時也不得不濫竽充數。

如何才能不浪費時間、金錢，有效率地收集到喜歡的物品？

首先，列出想要的物品清單。無論是結婚或獨立生活，都會有人送禮，這時清單就能派上用場。即使最常收到的應該是禮金，有了這份清單，仍能精簡有效地幫助你展開新生活。

自古以來，歐美便有製作結婚禮物清單的習慣——法國稱為 Liste des mariage；英國是 Wedding List；義大利是 Lista di Nozze；美國則叫 Wedding Registry。將要結婚的新人們會去商店登記自己需要的禮物清單，參加婚禮的賓客則可依據自己的預算到指定商店購買禮物，剩餘沒有被認領的禮物，新人們再自行採買補齊。

就算不是展開新生活，**為了避免被太多不需要的東西所迷惑，最好還是將需要的品項列成清單。如此一來，要是看到真心喜歡的物品，就可以毫不猶豫地直接買下。**

這份清單也是有助思考的小幫手，透過每一次的確認，可以找出目前不需要的東西將其刪除，或是耐心等待更優質的物品出現。擬定清單時，也可以向經驗豐富的前輩或專家徵詢不同意見。

不要衝動地收集流行單品

當人們迷上流行時尚，就會開始「收集單品」。以大衣來說，及膝長度是必備的，中長版更是不可或缺；一定要有短版海軍雙排扣的款式、斗篷式也是基本配備，還有經典款的英倫風衣、騎士夾克、羽絨衣；顏色則要有駝色、深藍、黑色……

只是大衣，就有這麼多選擇，再加上正式場合穿著的禮服、工作需要的專業裝扮、以及其他的服飾配件，真要購齊所有單品，情況恐怕會一發不可收拾。不斷增加的服飾最後演變成穿搭的困擾，在時間緊迫的情況下反而會無法迅速反應，做出不適宜的搭配。

除非對造型、品味有一定程度的了解，一般人恐怕難以純熟搭配太多樣的單品。因此，適合褲裝的人，不論是出門、逛街、在自家庭院或室內，最好都選擇褲裝造型。大致上來說，身高一六五公分以上的人很適合褲裝，但只要留意款式、或累積穿搭的功力，個頭嬌小的人也不見得無法掌握。適合裙裝的人，則可以選擇套裝、襯衫配裙子，或是連身洋裝等，展現豐富的穿搭樣貌。

若是同時以好幾種單品來建立服裝風格，可能會導致搭配的組合過多，每件單品被靈活穿搭的機會減少，不少衣服於是只能被深埋在衣櫃裡。即便是穿搭高手，最後很可能也只選穿放在衣櫃最前面的幾件。

最好的狀況還是，**只選擇一種單品做為固定的基本款，一旦確認自己適合這樣的風格，穿久了就會展現自我的個性和獨特的味道**。不過，在尚未確定自己適合哪一種單品之前，一定要不斷練習、檢討及研究。見到別人穿起來好看，自己於是就想試試，只會浪費時間與金錢（雖然這或許是很幸福的一種浪費）。

以精簡的單品做聰明的穿搭，是自我知性的最佳展現。

餐具與其收集種類，不如統一風格

日本人很喜歡餐具及食器。從飲食層面來看，日本擁有日式、西式及中式等多采多姿的餐具，可說是世界上食器種類最豐富的民族。

除了餐具之外，還有烹調各種料理用的鍋子及調理器具。以鍋子來說，就有各種尺寸及材質，不能拿大鍋充當小鍋來使用。即便是同樣大小的鍋子，也會基於使用目的不同，而以相異的材質製作。

人們經常會被廣告吸引，不知不覺就買了各種看似便利的創新廚房用品，許多廠商、品牌也會贈送免費的宣傳品。此外，我們也常會留著用了許久、已經不好使的舊物，像是用慣了捨不得丟的骯髒鍋子、鈍掉的菜刀等，更別提還有收起來完全沒使用的銅鍋等器具。於是，狹窄的廚房就這樣被過多的用品及餐具塞得擁擠不堪。

解決的方法很簡單。首先，**餐具、食器無論大小，最好都選擇白瓷或青花瓷（藍灰色或藍＋白）材質，先將風格統**一。西式及日式餐具不必分開使用，西式餐盤和日式漆器的混搭組合，其實也很有韻味。無論何種形式的料理，盛裝在白瓷或青花瓷上都很好看，算是最好搭配的食器。

尺寸的話，淺盤（plate）要有直徑25、20、16公分及宴會用的大盤子。
深盤及大碗（bowl）以直徑21、17、13公分為標準。
最好還能加上長邊21公分的橢圓形長盤。
以上食器是家中必須備齊的品項，如果還想增加種類，除了直徑5、10公分的小碟子之外，其他的最好慎重考慮再採購。

就算現在的鍋子用得很順手，外表若已骯髒不堪，最好還是換掉，這時被冷凍許久還沒用過的閃亮新鍋就能派上用場。此外，只用過一次就放在某處沉睡的○○專用保溫盤等便利用品，則可以檢討一下是不是還要繼續堆放下去。

根據生活行為嚴選家具形式

家具是生活用品，這也代表著，你的生活行為將決定家具的風格形式，而家具會使你的生活行為更加美好。

以客廳為例，家具的種類取決於你所喜愛的放鬆方式。重視個人感受的人可以選擇單人椅（休閒椅）；喜歡躺臥的人可以選擇沙發或躺椅。愛好聊天的人不妨選擇圍繞著茶几擺設的組合式沙發；如果家裡沒有客房、又想讓朋友留宿，也可以考慮選購沙發床。

家裡若沒有規劃出健身房，器材就只能放在房間裡，既然如此，乾脆將客廳變成健身房，就能一舉兩得。

客廳的桌子若是以幾張小桌組合配置，運用起來會更為靈活。家裡如果有以前留下來的日式茶几，可以做為客廳矮桌；有時想要靜靜地喝茶，就在窗邊放一組咖啡桌和小椅子。

大型餐桌比較適合放在獨立的餐廳裡，但視居家格局而定，有時也適合放在客廳兼餐廳的空間，這裡多半也會成為家庭的起居室。在起居室裡，大型餐桌除了用餐，也能做為孩子們學習的書桌或家事的輔助作業台，有極大的效用。

因為空間狹小就必須選擇小型家具，已是不合時宜的陳舊觀念。餐桌最好選擇與空間相容的最大尺寸，折疊式餐桌雖能隨時變換大小，到最後其實都只會固定使用某種尺寸。起居室可以放置圓形的桌子，為空間帶來柔和的氣氛，創造流動的感覺。

不要把家具塞滿整個空間，選擇順應自己生活行為的家具，大約占地板三〇％的面積即可。要擺放哪些家具、什麼家具需要大一點的尺寸，都要從住居空間與生活行為兩方面同時檢討、考慮。

6 不一味追求便利

多餘的東西之所以一直增加，是因為人們不斷地追求便利。明明已經過著足夠便利的日子，卻不覺得滿足，強調方便好用的商品接連被開發出來，逼著世人無止盡地購買與追尋。

確實，便利的物品能讓生活更輕鬆，所以只要看似好用，無論是否用得到，我們都會想著擁有它就更方便了，於是下手採購。

現今的便利性商品，主要的訴求就是幫助人們節省時間及步驟。多功能工具看似方便，一開始也讓人覺得新鮮有趣，但只要有一次用不順手的經驗，很快會被束之高閣。

相對於此，長期以來為人所愛用的物品，即使貌不驚人，便利性卻更經得起考驗，而且更具有美感。

許多因應現代生活而生的便利性商品，其實仍有相當的改良空間，購買之前，還是多思考一下它的實用價值。此外，就算物品真的很方便，如果不喜歡外型及顏色，也不要勉強購買，一旦失去了新鮮感，只會越看它越不順眼。

為了不讓自己屈服於便利性，最好能嚴格訂定除此之外的考量條件，那就是——不只是講求便利，也絕不使用不美的東西。

「好穿＝便利」的想法，只對了一半

所謂便利的服裝，穿起來應該是輕鬆又舒服吧！電視購物台裡的模特兒展示服裝時，經常會聽他們形容「漂亮又好穿」，等到穿上身是否真的如此，那就見仁見智了。

選擇服裝時，比起好穿與否，更為重要的是——能否適合自己並且穿出美感。

或許有人會認為，放鬆時本來就該選擇舒適、好穿的衣服，事實上，最能讓人放鬆的是適合自己、又能穿出美感的衣服。

此外，「好穿＝便利」這樣的想法，其實只對了一半。

做事的時候，方便活動的服裝確實更好穿，但寬鬆的衣服不一定漂亮。無論體型胖瘦，只要身體經過鍛鍊，就能呈現獨特的美感。

貼身的衣服會隨著體型改變形狀，寬鬆的衣服則會隨著身體的動作改變形狀。比起體型，舉手投足間的美感，更能影響衣服穿起來是否美麗。

例如，長版或中長版的上衣雖然可以輕鬆遮住腰間贅肉，但若想呈現美感，身體還是需要經過鍛鍊。這一點從以太極拳聞名於世的武當派道服即可知曉。武當派的道服上半身寬鬆，下半身及足部卻很俐落，武術動作搭配上鍛鍊過的身體，讓寬鬆的道服充滿了飄逸感。

也因此，**寬鬆的衣服是為了能更加自由地行動，而不是放縱自己身體的藉口。**

除了工作服之外，我們也常覺得旅行時應該選擇耐髒及不易起皺的衣服，然而，穿著美麗的服裝融入異國街頭及景色之中，不正是旅行的樂趣嗎？比起輕鬆或方便，穿著平常少有機會展現的服裝漫步異鄉，這樣的閒情逸致更值得我們好好享受。

自製隨時可用的常備菜

無法忍受帶著泥土的蔬菜或未經處理的鮮魚？覺得削皮、熬高湯及現煮調味實在麻煩？家裡只有冷凍食品、料理包、少量分裝的蔬菜、現成的調味料及熟食包，想吃就用微波爐熱一熱再裝盤，真的很方便……尤其對人口少的小家庭來說，往往會以為這就是簡約不浪費的生活。

情況緊急時，像是手受傷了、冰箱故障或缺水缺電沒瓦斯，這樣或許很方便。但是，日常中的**「食」是最根本的生活基礎，而真正有意義的「便利」，是事先準備好隨時可用的基礎材料，也就是短時間可以儲藏在冰箱裡的「常備菜」**。

常備菜分為兩種：一種是用來變換口味的小菜、或補充營養的配菜；另一種是用來製作或搭配主菜的半成品。全熟的菜色經過儲藏都會有些變味，如果只是處理過的半成品，就能隨著菜色的變化調整味道。像是曬過的菜乾除了可以增加鮮味，體積也變得很小，經過蒸、煮等料理程序，即可隨時便利地使用。

自製原味番茄醬或調味的番茄洋蔥醬，用紅蘿蔔、芹菜、洋蔥混炒成 soffritto 蔬菜醬底（用來煮湯或為義大利料理提味），熬煮西式清湯或用柴魚及昆布製作日式高湯等……這些常備菜都有助於縮短料理時間。像這樣事先做好烹煮前的食材加工，才是「食」的便利。

另外，像是醋漬辣韮或梅乾等四季都可使用的常備菜，不僅方便且兼具上述兩種優點，對健康也很有助益。無論多麼便利的料理，一旦在健康上有所疑慮，都只是無用的廢物而已。

在自動與手動中取得平衡

家電用品的快速演進令人眼花撩亂，即使正在使用的家電還能正常運轉，一想到它不夠省電，我們就會想著是不是該買新的，或是換成靜音機型……明明不久前還流行輕巧、功能內建的電器，如今無論是洗衣機或電冰箱，又變成以大容量為主流。

家電用品之所以便利，是因為用電力取代了人力。確實，每樣電器都因為看似便利而充滿魅力，當人們被這股魅力所吸引，即便是自己能動手完成的工作，也會忍不住改以家電代勞，就像是家電代替了我們在過生活。

然而，乍看之下很便利的電器，當中也隱藏著「浪費」。

過度的照明其實一點也不實用，住家的維護也無法只靠吸塵器完成。

蛋白霜要手打才能產生細緻醇厚的風味，形狀也更漂亮。

真正不浪費的生活風格是，**只要能親手做的事絕不依靠家電，不捨棄手動的工具及技術，使用家電時則要徹底發揮其便利性**。

這並不是指要忍受不便或白白浪費時間，更不是要刻意消耗體力，而是要鍛鍊自己即使沒有電也可以生存的最低限度能力。人們確實需要面對供電不足或停電的危機，即使未處於這種狀況，平常也要養成省電的習慣。

此外，就和其他便利的工具一樣，如果對家電的外型及顏色不滿意，就不要勉強購買，還是要找到喜歡的產品再入手，避免被便利性所引誘。

除了家電，還有許多優質器具也能讓日常生活的作業更有效率，但也不要聽別人說方便就去使用，而是要找到真正適合自己的便利工具。

7 正確篩選資訊

置身資訊爆炸的時代，如果不知道如何與資訊共處，只會造成更多浪費。如何在過剩的情報中看清真偽、擁有判斷的能力，篩選出自己需要的內容（媒體識讀；media literacy），是現代人最不可或缺的智慧。

不只是為了我們自己，在現今這個時代，能正確地判讀各種資訊，也會對他人造成影響。網路謠言的受害者，就是因為許多人胡亂聽信錯誤的情報，或是未能正確理解資訊而誤判，因此成了犧牲者。

無論如何，能獲得豐富的資訊終究是可喜之事，尤其是從眾多情報中篩選出來的內容，具有更高的可信度，正確性及內涵深度更為其增添不少魅力。然而，即便知道了這麼多資訊，想從中挑選出可用的部分，還是要先確認自己需要哪方面的內容。**只要心中有確定或關注的方向，資訊就會主動匯聚，也就是說，你自己就會知道這是重要的資訊。**

這一點，也可以應用在與日常生活衣．食．居相關的情報上。食的部分，可以搜集食材的營養價值、適合自己的烹飪技術與調理方法，還有可以預想其美味的料理食譜。

至於服裝，可以清楚了解設計的細節資訊，以便判斷某件衣服是否適合自己。

為了正確判斷家居用品及設備的最新情報，更必須反覆思考自己期待中的理想生活需要些什麼。就算某樣新產品適合多數人，如果在自家中無用武之地，就不能輕易地衝動購買。

在服裝中看見世界動態的縮影

如果平時對流行資訊興趣缺缺，退化成歐巴桑或歐吉桑的機率恐怕很高。再怎麼不關心潮流的人，對時尚仍有自己的想法，平常也會觀察別人的穿搭；反倒是熱衷流行資訊的人，基本上對別人身上的裝扮不太在意。

年輕的朋友，可以製作一本自己的時尚搭配手冊。現今已不像從前，只能收集從時尚雜誌剪下來的照片，而是可以直接將圖檔存在電腦裡。將自己想穿的類型、或不確定穿起來是否好看的款式整理好資料歸檔，以後也能做為一種回顧。

雖然從網路上可以取得最新情報，也不要忽視時尚雜誌、女性雜誌或服裝型錄的內容，其中仍有穿搭的各種豐富資訊。

逛街當然也是收集時尚資訊的手段。觀察精品名牌的趨勢走向時，不要只關注偏愛的品牌，可以多分析各個設計師所展現的靈感、材質運用、設計方向的相似點等挑選服裝時不會注意的細節，讓資訊收集變得更有樂趣。

服裝並非只有「穿」這個功能，無論昂貴或廉價、大眾品牌或精品名牌，都是世界動態的美麗縮影，蘊含許多能更加理解世界的資訊。

如今，流行趨勢已不像過去具有強烈的影響力，人們不再一味追逐潮流，無論何種年齡層，都更重視別具創意的服裝搭配。即使並未關注精品名牌，還是建議大家可以多觀察這些高級服飾的質料及花色，在實際選購服裝時會有很大的幫助。一旦訓練出敏銳的眼光，就不會再被只有華麗外表的服裝所迷惑。

比起美食情報，更要精進營養知識

許多喜愛閱讀美食報導或著迷於團購美食的人，對蔬果等食材的處理方法及營養知識，卻可能根本毫無頭緒。美食資訊或甜點店情報確實是令人愉快的聊天話題，但對我們真正有幫助的不是美食報導，而是新聞披露的黑心食品、或是極端天候造成糧食欠收等食安資訊。凡事雖無需太過杞人憂天，但也不能完全視而不見，至少要多加注意貨源短缺或物價高漲的問題，以便及早採取因應對策。

營養知識及調理方法如今都已有長足的演進，比起早期料理書上的記載，現代的烹調技術變化了許多。從前人們攝取的食物多半具有豐富的營養，回顧這些食材，應該可以重新發現與現代人味覺相融的部分，或是傳承至今依舊可口的古早味。

有機會的話，不妨上一次基礎的料理課程，不僅可以學到料理知識，和同學交流也能獲得珍貴的資訊。選擇喜愛的老師所教授的課程，先試著一五一十遵從其教導的技巧練習，畢竟料理很容易受到人格特質所影響。

觀賞料理節目時，不要只顧著欣賞美食，可以試著想像做出來的味道，如果那個方法在想像中確實可以烹調出鮮美的感受，就動手做做看吧！

料理節目中的菜單及市面上的食譜，不一定全都適合做為日常的家庭料理。**與其總是嘗試新菜色，不如專注鑽研擅長的料理，再往外擴充發展，才是有效提升料理技巧的方法。**

沒有購屋計畫，也要關注最新技術

尚未打算購屋或蓋房時，一般人都不會特別留意住居新知及生活情報，覺得這些跟自己無關，沒有什麼必需性。然而，現在的環保住宅、設備機器，以及強化住宅壽命的技術等都是日新月異、時時精進，即使現在不需要，最好還是多加涉獵。平常可以有意識地關注、了解新產品的製作技術及其創造過程，當成知識儲藏在大腦的資料庫裡。

時常關注最新資訊，一旦有天需要用到這些製品時，就不會被其看似先進的外觀所惑，覺得每樣製品都是效能強大，難以選擇，反而能冷靜地專注於自己的需求。

話雖如此，也要避免太過拘泥於資訊收集，進而變得嚴苛挑剔，重點應該是要從各種資訊中找到自己所渴望的生活方式。

舉例來說，空調系統中有一種稱為「計量換氣」的最新技術，可以將終端機融入居家裝潢，一年四季都能維持舒適的室溫。但這種技術對於喜歡打開窗戶，讓室內空氣自然流通的人來說，就不見得適合。

不要東拼西湊地收集情報，而是應該針對自己的需求和目的，事先尋找能增進生活舒適、家庭樂趣的資訊及方法，在未來的某天一定能帶來有效的助益。否則屆時才急就章地拿著惡補的知識四處詢問專家，最後還是弄不清自己需要什麼。

最重要的是，在吸收住居新知的同時，也要時常思考那是否是自己所追求的舒適生活。

8 與消費欲望和平共處

不管對誰而言，購物都是快樂的事。如果有人說自己什麼都不需要，也許只是一時不確定想買什麼，或是無法判斷自己應該尋求的是什麼。

過去在泡沫經濟時期，人們處在被流行浪潮不斷衝擊的年代，即使知道需求是被刻意創造出來的，但時代背景使然，大家還是盡情享受購物的快樂及消費的樂趣。

不過，那已經是過去式了。現今的年輕人置身於資源豐富的環境，已經很難產生想要擁有某樣特定之物的渴求，像從前那樣席捲全國的流行熱潮越來越少見，人們的喜好及想望也逐漸多樣化。

與物品的相遇，一定要有感動的要素。從文化的角度來看生活行為，人們與眾多物品的相遇，創造出了生活文化的歷史。簡言之，消費欲望既不是無用，更不是令人困擾的存在。

然而，掌控消費欲望的畢竟是自己。當人的內心充斥著不安或興奮，就很難冷靜地控制消費欲望。因此，**想要拿回購物的自主決定權，必須對外在刺激抱持一定的客觀性。只要適當地掌握目的與機會，消費欲望就能帶來愉悅的滿足感。**

不被欲望支配而變成囤積的奴隸

採購「服裝」的消費欲望，在衣．食．居中高居榜首，人們對於服裝的追求，可說是永無止境。

就算泡沫經濟時期已是遙遠的過去，對精品名牌的特色最好還是略有了解。像是奢華女鞋要挑菲拉格慕 Ferragamo，正式禮服選香奈兒 Chanel，商場菁英穿亞曼尼 Armani，頂級手提包買愛馬仕 Hermès，皮衣看羅意威 Loewe，放在車裡的旅行包最好是路易威登 Louis Vuitton 等。畢竟世上還有許多人擁有各種名牌精品，若熟知品牌名稱及其商品，培養鑑賞的眼光，偶爾購買價格合理的小物，仍能帶來擁有精品名牌的滿足感。

這是日本人慣常的消費欲望，大多數的人都憧憬美麗、上質、嶄新的事物，光是批判對方不看品牌就無法分辨東西的好壞，並沒有意義。也要拜日本人賞玩名牌的態度所賜，歐美各大精品才能延續至二十一世紀（接下來這個寶座要讓給中國了）。

不過，這些名牌遊戲已經漸顯疲態，眾多平價的快速時尚一一登場，對於想藉採購服裝來滿足消費欲望的人們，可說是一大福音。

青春年少時穿什麼都美，現在的年輕人對於搭配多半很有概念，不再需要仰賴名牌來競爭比較，而能憑藉著巧妙的穿搭組合，展現優美或獨特的個性化品味。

服裝是表現自我風格的專屬工具，也一直是消費欲望的施展對象，但若發現自己沉溺於此道，也許表示內在生活已經有些不健康了，需要多加留意。

裝扮是為了創造自己的風格，不要被盲目的消費欲望驅使，而變成囤積的奴隸。

衣・食・居

認真挑揀食材，豐富購物體驗

人們之所以每天都去超市，是因為即使只買一點點東西，「從眾多食材中做出選擇」的這項行為，仍然能滿足消費欲望。然而，我們或許應該試著擺脫這樣的模式。因為，即使你原本只打算去搶購特價商品，也認為自己可以堅守立場，超市卻比你想像的更有誘惑力。

大家在天災人禍時囤積物資，是因為高漲的不安情緒，降低了控制消費欲望的能力。平時若已做好準備，自然不會被周遭的變化攪亂心情，也不會隨便浪費物資，甚至有餘裕把資源留給受災地。那麼，我們應該儲備些什麼？除了常用的物品，把有益健康的食材加以乾燥或醃漬，遇到突發狀況時也會派上用場。

在高級超市購買高級食材似乎代表著某種身價，這種想法也已過時。當然，高級超市有許多商店街沒有的貨品，但如果商店街的魚店、肉店能夠提供不遜於高級超市的食材，一定是當地居民的消費水準造就了這樣的購物環境。

街邊的小菜市場能提供人們交流的機會，大家每天去那兒挑挑揀揀，不只為了購物，更是為了與商家及小販們談天說地，這樣的購物經驗更能滿足消費欲望。

此外，開車外出時，可以在路邊買到當地的新鮮食材；住宅區裡會有人載著剛採下的蔬菜來販售；市中心也經常有從各鄉鎮運來貨品的產地直銷特賣會。與其在一間超市買完所有的食材，不妨試著分開來，某些在那裡買、某些在這裡買，就連網購也是很好的管道，偶爾可能還需要去一趟批發市場。這些努力可以讓你找到更多對健康有益的食物，如此辛苦也才算是有其代價。

只購買讓生活變美好的居家雜貨

近來，年輕人越來越重視住居環境的打造，而做為推手之一的居家雜貨，選擇也更加豐富。看起來像玩具箱般充滿趣味的生活雜貨商店四處林立，甚至發展成一個特區，連帶使年輕人對家具也產生興趣，家具街跟著應運而生。

別說是特定區域，如今就算在意想不到的地方發現一間擺滿時髦家具或雜貨的店，一般人也不再覺得驚訝，甚至還可能很有親切感，想走進去一窺究竟。如果是傳統的家具店，目前又沒有買家具的需求，可能就會視若無睹地走過了。如今，是「雜貨」勾起了人們對於住居的消費欲望。

收集廚房小物，可以用很少的預算滿足消費欲望，所以即使手邊已經有用慣的東西，一旦發現破損或髒污，就會忍不住想換新的。使用的時候可能不自覺，但這個作法其實容易讓廚房變得雜亂無章。

重複使用清潔劑的瓶子、以補充包補充內容物，是合理又環保的做法，如果能換成沒有商標的瓶子，看起來會更清爽美觀。

近來，廚房小物這類生活雜貨大多是由矽膠製成，不但耐熱防水、也很堅固，確實非常便利。而且這些單品大多色彩亮麗，不是青綠、亮橘就是鮮黃，雖然也不乏白色，但現在最風行的看來還是亮色系。

想用購物來快樂地滿足消費欲望，就只買讓生活變美好的東西吧！

每當有衝動想在電視購物台或網路購物時，先暫停一下，花點時間思考，自己是否真的需要這些東西。

9 聰明利用時間

很多人常說「沒有自己的時間」，但無論是誰，一天的二十四小時都是完全屬於自己的。即使時間是花在家人或其他人身上，只要當時愉悅開心，仍然是善用了自己的時間。而當時能否樂在其中，則取決於個人的認知。

很多人都覺得工作占掉太多時間，但工作本來就是人生的重要環節。如果覺得不必背負任何期待、能夠隨意揮霍的時間才是「自己的時間」，就該思考是不是想利用「自己的時間」這種幻想，做為逃避的藉口。

無論做什麼，只要對所做之事抱持喜悅的心情，就沒有所謂的浪費時間。人雖然需要休息，但也有人在工作時備感快樂。這種人以往常被取笑是工作狂，但只要覺得開心，不會感受到緊張或壓力，工作時間也會成為舒服自在的「自己的時間」。

各種等待的零碎時間，都能有效利用。不一定要看書，可以在腦中做創意發想、或組織思考。方便的話，最好隨身帶著筆記本。喜歡運動的人，不妨趁機有意識地暗自鍛鍊身體各部位的肌群，讓體型更為精實。

雖然因職業有別，每個人的時間安排也大不相同，但若能秉持職人等級的精準與專注意識，就能有效掌控自己的時間，即使是家庭主婦，也會成為家事達人。

所有的時間，都可以在自己的掌控之下，毫不浪費、有效地使用。

琢磨品味，減少穿搭的煩惱

對不關心穿搭的人來說，煩惱要穿什麼衣服很浪費時間；但對注重自我表現的人而言，這可絕對不能敷衍了事。匆忙之中做出奇怪的打扮、或是穿了不合適的衣服，這樣的懊惱完全不下於說錯話的感覺。

如果真的不在乎穿著打扮，就不會浪費無謂的時間挑選衣服，但這樣的人幾乎不存在。就算看似不介意，也只是因為對自己的外表及品味沒有自信，裝作不在乎而已，私底下還是會付出努力。

如果真想精簡穿搭的時間，洋裝是最好的選擇，因為挑揀包包及鞋子無需太久，搭配上需要考慮的只有襪子及飾品。即使如此，整體穿搭還是得費點工夫，所以盡可能在前一天做好準備。

基本上，最聰明的做法就是及早確立自己的風格，但是穿搭能力的提升，幾乎比修行開悟還要困難。能在穿搭時不感苦惱、也不浪費過多時間的能力，就叫做「品味」。也就是說，琢磨自己的時尚品味，即是避免浪費時間的方法之一。

平常逛街時，可以盡量選擇充滿時尚感的街道進行觀察。一旦看到出色的穿搭，就馬上分析——是因為色彩、還是款式？由於是利用走路的時間琢磨品味，所以不算是多餘的浪費。

分析的時候，要同時把自己的體型差異考量進去。多欣賞優異的穿搭可以琢磨品味，接著就會漸漸忘記自己「喜歡」什麼，而專注在自己「適合」的裝扮上。「適合」的穿搭可以充分展現自己的體型特色，將其轉化為優點。

享受採買與做菜的日常

曾經有一段時期，外食非常盛行，從高級餐廳到速食店都可以見到用餐的人潮。現在，喜歡回家用餐的人慢慢多了起來，熱愛下廚的男性也愈形增加，甚至連自製便當都成了令人讚賞的興趣。

這裡所說的回家用餐，並不是指購買已經做好的熟食加熱，然後在家裡吃飯，而是指自炊自食。

忙碌的人無暇做菜，可能覺得料理很浪費時間。但是，再忙碌的人也需要休息，做菜也是一種放鬆的方法，如果把它當成遊戲，就能藉此轉換情緒。做菜其實是非常知性的作業，很適合用來消除工作疲勞、調劑心情。

話雖如此，若想真切地享受做菜、用餐的過程，就必須將包含採買食材在內的所有時間都考慮進去，否則每當要做菜才隨意採買，確實會浪費許多時間。

最有效率的食材採買方式，是計畫性地一次採買完畢。這樣才不會一邊買菜、一邊還在思考要做的料理，毫無章法地採買。如果平常就知道有哪些食材是必備的，屆時只要採買不夠的部分，可以大大縮短購物的時間。

基本上，食材可以一週採買一次；買回來之後，要立刻做好事前處理——將食材處理成可以立刻使用的狀態再儲藏起來，或者做成常備菜放進冰箱（請參照〈風格練習手帳本〉300頁），再配合一整週的計畫，決定好符合季節屬性的菜色。

每週一次的食材採買及事前處理，也可以是一段用心安排、愉悅充實的日常時光。

「少時多次」地完成家事

從料理的事後整理及清洗，到操持家計、處理各類事務及維護居家環境，家事基本上是重複的例行公事，既缺乏新鮮感、也很難獲得成就感，沒有什麼技巧，人人都能做，因此我們常會覺得做家事是在浪費時間。

除了不愛做菜的人之外，烹飪已被公認是創造性的活動，深受歡迎，近來連男性都興趣大增。至於其他的家事，則會讓人不禁懷疑為何要花時間去做，特別是事後的清潔及打掃。

不過，只要用完就順手收拾，看到髒污就立刻擦淨、不累積髒亂，就能縮減打掃的時間。

發票、文件、信件或廣告傳單等外來物，當天收到就要立刻處理。收到寄來的包裹，也要趕緊把裡面的東西拿出來，再處理掉包裝紙及紙箱等。

處理的訣竅則是同時做好分類，看看是要丟棄、暫時保留，或是整理出來需要收拾的東西。一旦家裡開始堆置得亂七八糟，就無藥可救了。

除了打掃之外，整理庭院、保養房屋與各類電器、維護窗簾與沙發等布料家具等，這些無止境的工作都是家事。如果過於要求細節，再多時間也不夠用；若是時時注意，就算偶爾有點怠惰，居家的整潔也還能維持。

若能樂在其中，就不會覺得做家事是浪費時間。**許多時候，做家事本身花不了多少時間，而是方法及過程的疏忽造成了時間的浪費**。

重點就在於「少時多次」地完成家事。只要清楚每件家事所需的作業時間，做起計畫就很容易，也能快速有效地完成，激發立刻著手的幹勁。

10 學會基本保養

希望保持健康，平時就要努力地照顧身體、留意飲食，這對人生的幸福至關緊要。一旦生了病，所有的治療都將成為不必要的負擔，也會造成精神、物質、時間及身體上的各種浪費。

包含健康狀況在內，想讓生活維持在整體的最佳狀態，必須做好衣・食・居的日常管理。而為了練就技術，就必須養成習慣。

如此一來，才無需時時處理善後或收拾殘局，而能真正過著從容、自在、有餘裕的上質生活。

比方說，如果家族全員都能養成東西用完即物歸原位、隨手收拾乾淨的習慣，日常維護也會變得更輕鬆。

保養服裝或住居，延長它們的使用年限，與細心照顧自己獨一無二的身體一樣，都是我們必須關注的事。實際上，是否具備這些基本保養的技巧，將大大影響個人身體及物品使用的壽命。

不過度依賴乾洗，自己動手打理

相信有許多人都會將衣服的清潔整理委託給專業的乾洗店，但若能親手熨燙衣服、替大衣刷毛，會更加珍惜衣物，也更能感受其品質的優劣。

冬季衣物只要穿完之後留意通風，並且用刷子仔細刷過，就能將送乾洗的次數降到最低，減少損傷布料的機會。但如果沾上了無法自己處理的髒污，絕不能置之不理，要馬上交給優秀的專家解決問題。從乾洗店取回衣物後，則一定要把外面的塑膠套拿掉。

收起換季衣物時，可拍照歸檔以免忘記，這樣除了方便尋找，對下一季衣物的採購及整理也很有幫助。

夏季衣物或輕薄的服裝可以自己清洗，只有熨燙需要一點技術，可以拿襯衫做練習。

燙衣板不宜太硬，熨燙時只要輕輕沿著前進方向滑過，將熱度傳導到衣服上即可；順序則是從袖子後面熨燙到前方，然後是袖口內外。熨燙到布料疊合的地方時，先將腋下處燙平，接著是肩膀，再來是身體的前後部分。口袋要從裡面燙，最後才是領口。

只要習慣了，就能練就自己獨門的訣竅。每次都正確、認真地處理，就能逐漸養成不輸給專家的技術。講究的人也可以向行家請益，具備專業素養也很有樂趣。

一般來說，以前都是在六月及十月進行換季，若擁有獨立式衣帽間則是全年無休，需要換季的只有制服。一年兩次的換季，也是重新觀察自我風格的機會，可以配合氣象報告規劃換季日，並且在前後預留保養及處理衣物的時間。

盡量把衣服維持在從衣架上能一覽無遺的數量，才能衣盡其用、不造成浪費。

就算一整天都待在家裡，做菜、外出購物或招待朋友時，都可以適時地換裝。慎重、珍惜地穿用衣物，才能讓生活日常減少浪費又自在愉悅。

珍惜資源，減少對環境的負擔

料理最重視食材與水的關係。特別是葉菜類等水分多的食材，會因為用水種類的不同影響美味的程度。水可以被視為料理的食材之一，要盡量使用優質好水。

如此一來，就只能選擇礦泉水、或是用淨水器過濾的自來水。為了不造成浪費，當然是後者最為節約，因此淨水器的維修保養十分重要。

近來洗碗機已漸行普及，但好的餐具還是宜用手洗。透過清洗的過程，也更能學會如何珍惜物品。

無論是用洗碗機或手洗，都需要先花一道工夫除去餐具上的油污，這和料理需要費工處理是一樣的道理。將餐具用碎布或用過的紙巾擦拭，再放進水槽。先擦掉油污，也可以避免讓洗碗機裡堆積食物殘渣。

如果用酵素取代洗碗機專用清潔劑，可以先等上一段時間再做清洗，讓酵素更能發揮效用。

重點不在於減輕自己的負擔，而是要減少對物品及環境造成的負擔。

就像洗碗機需要注意排水，被油污染的水也要留心處置。有很多方法可以處理用過的油，例如某些特定區域會回收用過的油做為免費巴士的部分燃料，環保回收再利用也是另一種貢獻。

就像這樣，多花一點工夫及用心，就可以創造不浪費資源的良性循環。

養成不髒也要每天擦拭的習慣

俗話說，髒亂會惹來更多的髒亂。若能常保「潔淨」，基本保養就會輕鬆愉快。地板、桌子及櫥櫃等物品的表面常會累積灰塵，還會經由空氣傳送飄到其他物品上，因此每天都要順手擦拭。

會用到水的地方，尤其是洗臉台等處很容易留下水漬，如果全家人都習慣在使用過後立刻用毛巾擦拭，就能隨時保持清爽潔淨。

住居的保養維護還有一點很重要，就是打磨擦亮。為善用住居空間、打造宜人環境，除了去除髒污，打磨光亮更能造成明顯的差別。不只是鏡子及玻璃，還有門把、水龍頭、磁磚、銀製品、家具及照明器具等，都要常保光亮，才能維持清潔感及舒適感。

想有效率地擦亮物品，就盡量不要在表面留下油脂及皮脂，因為髒污很容易附著在這些東西上，每天都要擦拭的意義即在於此。**就算看起來不髒，也順手用乾布擦拭，可以去除容易黏附髒污的皮脂及油脂。**

去除頑固的髒污，現在有許多專業的因應方法，例如使用強力清潔劑瞬間去污，也能利用小蘇打、檸檬酸加醋來溶解，選擇非常多元。而現在最受注目的，是用優格、納豆及酵母菌等食品發酵而成的環保酵素（請參照〈風格練習手帳本〉272頁）。它和一般的清潔劑不同，可以分解表面的各類油脂以去除髒污，甚至連排水孔、排水管到下水道都能一起清潔，可說是毫無浪費。這種酵素也不傷肌膚，還能和小蘇打一起併用。

住居保養除了去除油污之外，如何讓清潔後的廢水不污染環境，也非常重要。

鏡子及玻璃、洗臉台、廁所、浴室等會潑到水的地方，以及擦地、洗衣時，只要加上這種環保酵素，就能減少清潔劑的用量。唯一不能使用的地方是洗碗機，因為過熱的水溫會殺死酵母菌。

11 精通生活技能

除了衣．食．居之外，身邊所有與日常生活運作相關的各種技能，全都屬於生活技能。無論擅不擅長，生活技能都是人類生存的原點。

即使把家務全都委外處理，但事出突然時也有把握能獨自生活下去，所擁有的安全感肯定大不相同。就算電子鍋壞了、停電了，知道怎麼煮飯的人，一定會比不懂的人過得更加從容。

身處現代社會，誰能保證可以一輩子過著與當前相同的生活？如果凡事都覺得只要由專家代勞，自己無需學習生活技能，就太小看這個動盪不安的世界了。

更何況，現今的時代講求自助，無論男女都崇尚親力親為。踏進料理教室的男性越來越多，可能是因為注意到了這項趨勢，也可能單純覺得做菜是件有趣的事。

實際上，無論做菜或各種維修、保養技術，都是充滿創意與樂趣的行為，對工作上也有不少幫助。生活技能堪稱是處處皆通、時時可用，一旦學會了，就能真切地體會到生活感。

所謂的生活感，不是指柴米油鹽，而是活著的感覺，還有生活的品味。想活得健康快樂，並且充滿希望，就要多多學習各種生活技能。

用手作品妝點個人特色

即便在歐美已開始退燒，身處快速時尚的全盛時期，人人都能以較低的預算享受精品名牌風格的穿搭樂趣。正因如此，追求頂尖時尚者更加追求個性化的色彩，這也代表著，手工訂製服將會重返市場。

從舊衣改造到高級時裝，手工訂製服有各式各樣的種類，難的是找到品味及做工都能讓人滿意的專家。**如果有能力，就不要委託他人，試著自己親手製作衣服。現今可以輕易取得豐富的材料，磨練自己的技術，也能為人生帶來新的樂趣。**

年輕人可以用經濟的預算購買質感不錯的單品，善加搭配之後，再以手作補充不足的部分，藉此創造與眾不同的風格。

曾經親身見證、體驗不同年代流行時尚的人，手邊或許還留著許多美麗的布料及紗線，可以試著親手賦予它們生命。

此外，很多二、三十年前的衣服都是以現今很難入手的上質布料製成，雖然當前提倡「斷捨離」，但這樣的良品實在讓人很難捨棄。很多人的衣櫃裡應該都還收著不能穿、但又捨不得丟的寶物，現在就是讓它們重生的時候，也是去學習相關技術的時候。

一開始不必給自己太困難的挑戰，可以先從改造托特包、環保提袋開始。其他像是羊毛氈等裝飾品、串珠或水晶珠等，都可以讓簡單的衣服變得華美，也不像裝飾蕾絲或刺繡那麼費工耗時。

這些與其說是技術，其實只是最入門的能力。只要願意投注時間，手作技能將成為無可替代的藝術。美麗的手工創作，也可以撫慰人心。

料理是最基本的求生技能

做飯給自己吃，是存活下去的最基本要求。比起商店販賣的各種加工食品，自己親手料理的食物最令人安心、也最美味。做為生活技能的料理，就是為此而生；能夠做出媲美專業廚師般的高深料理，則是另一種技術。家庭料理講求的技術只要熟練即可，或許稱不上是技能手藝，卻是生存延命所必需。

大家或許都聽過女大學生用清潔劑洗米或洗肉的笑話，所以首先要熟悉事前準備的基本知識：像是必須清洗的食材、不需清洗只要擦掉髒污的食材、需要和不需要削皮的食材……等。

接下來是「切」。之前有一段時間，越來越多家庭沒有菜刀曾經蔚為話題。但使用菜刀是料理流程的第一步，也是決定菜餚美味與否的關鍵。食材的形狀會影響最後料理的結果，不能任意亂切，該切薄的就要切薄，厚度及大小都要一致。幾乎所有食材的處理作業，都能用菜刀完成。

不需要技術的食物調理機及攪拌器，可以在時間緊迫時派上用場，但**廚房裡最有用的工具，還是菜刀、水果刀和剪刀，就算停電還是可用，所以先要熟練這些工具及使用的技巧**。經常認真練習，就能熟能生巧，在短時間內上手。

料理食物最重要的是不能讓營養流失。以蔬菜來說，蒸煮比水煮更好吃，也更能保存營養，很適合做為日常料理。尤其是維生素C會溶於水中，也會因加熱而流失（只有馬鈴薯及地瓜的維生素C不受加熱影響）。至於燒烤，則要學會調整火候的技巧。無論是烤肉、烤魚或烤蔬菜，只需簡單調味，就能帶出食物最原始的美味。

平底鍋料理雖然簡單，鍋子使得好還是需要技術。首先它和炒菜鍋不同，所以不能空燒。用平底鍋做菜時，火候指的不是火勢大小，而是鍋底的溫度，像是將鍋底從爐火上移開調整熱度，以及不停翻動食材，這些都需要相當的技巧來完成。

巧思裝飾，讓家變得舒適宜人

提到與住居相關的生活技能，或許會讓人想起打掃、修理或整頓等雜務，但在這之前，最重要的是讓住居變得舒適宜人。能夠達成這個目標，也是一種生活技能。

比方說，花藝裝飾就是其中之一。

從前，人們會在壁龕等有限空間裡，以固定的形式裝飾四季花材（這可不是一朝一夕就能學會的技術）；現代人會在聖誕節裝飾花環、花圈、壁飾、盆栽、聖誕樹或基督誕生畫，正月則放上新年專用的裝飾。其他像是喜歡享受季節樂趣、想體驗復活節等歐美傳統節慶氣氛，或是生日等家族聚會，都需要花藝技術，可說是用途廣泛。

除了花朵之外，讓住居展現四季風情也很重要。**季節感是與自然聯繫的窗口，也是**

不可或缺的生活要素。就算現今的建築物已經沒有壁龕或壁爐，也可以安排在住居的某個特定區塊，以現代的方式展演四季的變化。

像是玄關的收納櫃或牆上的凹陷空間，都是演出的舞台。牆面能藉由更換畫作、掛毯來表現季節感。茶几或雕花桌等裝飾用的桌子上，則可以擺放一點小物件或花束。

曾在江戶時代風行的室內旗幟或旗幡，巧思配置後也能很現代。除了五月的節日，其他時候也可利用渲染或刺繡在絲布上描繪季節風物，做為時令更替時的居家裝飾。

提升住居質感的生活技能，重點不在打造華美，而是給人舒適、怡然的感覺。

12 不使用不美的東西

一旦擺脫了便利優先的想法及蒐羅物質的欲望而重拾冷靜，接下來該注意什麼呢？——我們需要加強對「美」的意識。

能夠自古流傳至今的各種生活用品、服裝、住居，沒有一樣是不美的。無論外表是樸實、家常或華美……各種層級的物品都蘊含最佳的功能與極致的技術，更具備登峰造極的美感。這是透過長年經驗累積、歸納出的生活型態所造就的「用之美」，便利性已與美感合而為一。

以量產的材料、低成本工法製造的現代替用品，徒有相似的外型，即使用途一樣，卻是完全不同的東西。就算便利性提升，但與歷經歲月考驗的老東西相比，多少還是顯得缺乏底蘊。

從現代講求便宜耐用的標準來看，這或許也沒什麼不好。例如，製作竹製的瀝水籃，需要在竹片斷面下工夫強化瀝水效果，塑膠及不鏽鋼製品就不需要這道做工。不同的素材，使用方法及處理模式也會有所差異。

就像這樣，我們在日常生活中使用的東西，產生了劇烈的變化。而現代人在這個過程中喪失的，是對美的意識、對美的感受。

這並不是指我們應該將所有的生活用品全都換成過去的老東西，而是希望我們能使用屬於這個時代的美好物品。這是能找回個人專屬美感的唯一方法。

無論是老物或新品，都要反覆琢磨美感、仔細挑選、善加珍惜，相信每個人都有發掘出「用之美」的能力。

只要堅持不美的東西絕對不用，無用、多餘的物品不只會從我們的生活中消失，也會在市場上減少。

只入手合乎自己美感的衣服

流行時尚看似席捲了大街小巷，一旦從造型、色彩、材質、搭配等角度去思考是否適合穿著，就會發現可選擇的單品意外地少。雖然挑選服裝時勢必需要一些妥協，但如果下定決心絕對不買不需要的衣服，就必須更嚴格地確認，不給自己妥協及退讓的藉口。

這個時候，首先要堅持的就是美感。**一件單品若完全合乎自己的美感基準，甚至能感動自己，相信每個人都會非常珍惜；若只是退而求其次的選擇、或是基於價格因素才購買，很快就會失去新鮮感，因而造成浪費。**

若是容易在一時衝動下消費，就要努力培養嚴謹選擇的堅強意志，冷靜地憑藉自己的美感，仔細確認款式及色彩，徹底要求尺寸，認真挑選品質上乘、易於保養的材質，同時還要符合自己的預算——當然，最重要的還是適不適合自己。以一次次的經驗，琢磨自己對美的意識，提升對美的標準。

話雖如此，也沒有必要為了提升自己鑑賞服裝的美感，投入大筆預算累積失敗的經驗，這也是一種浪費。

首先要改變的，應該是對待服裝漫不經心的態度。無論是在雜誌或網路發現的流行資訊，或是在街上瀏覽到的櫥窗穿搭，都要仔細觀察領口、袖子、裙長或褲型等款式、材質及顏色組合的規則，還有全新的色彩搭配、如何運用配件表現故事性等。接著再將這些觀察而得的技巧，運用在自己的服裝及配件上。

如果每次都只關心穿起來是否輕鬆、實用或方便，就無法培養出自己的美感。如果沒有多餘的衣服，就代表你總是穿著合乎自我美感的服裝。

美麗的工具大多符合人體工學

想要做出美味的家庭料理，比起追求製作過程的「省時省力」，更應該講究品嚐時的「美味可口」。因此，切洗或料理的「工具」就變得非常重要。

初學者需要時間熟悉專業的料理工具，而功能陽春、品質普通的工具對增加料理風味的幫助十分有限，所以一開始最好還是選擇專業工具。

那麼，要如何挑選優質的專業工具？很多人都認為要歷經許多嘗試才能做到，很容易就此放棄。其實，有時候憑藉著美感來選擇工具，成功機率反而很高。美麗的工具大多符合人體工學，用起來也相形順手。

如果對某件工具的顏色及外型並不滿意，只因為貌似便利，就想著反正用用看再說而勉強選購，到最後不是棄之如敝屣，就是越看它越不順眼。

例如，明明可以使用菜刀處理食材，就不要因為食物調理機似乎很好用，而衝動地購買；應該先思考自己是否真的需要，或廚房有沒有空間、適不適合擺放這件工具。

如果它確實合乎自己的美感，就算不常使用，在某些特殊的情況下——例如手受傷無法使用菜刀——的確能派上用場，那麼買下也無妨。

若具有高度的美感意識，就不會因為些許便利性而購買某件物品。近來有越來越多的人**強調便利性更甚於美感，其實是本末倒置，因為「美」才能代表一切。具有美感的工具，通常都會是好用的工具**。

就像料理講究色香味，美味也是先從視覺開始享受，美麗協調的視覺，就是一種美味。受到美麗的餐具吸引時，不妨想像一下它盛裝菜餚的感覺。只要餐具及料理呈現一體感，就更能提升料理的美味。

提升美的意識，多餘之物就會消失

想維持美麗的住居空間，就要提高自己的美感意識及鑑賞眼界。不論住在小公寓或大豪宅，都是同樣的道理。無論從事哪種職業、有何背景境遇，也是如此。

美感的有無和預算沒有任何關係。如果空間狹小，就只是需要的物品減少。處處皆美的高尚質感，並非是以眾多的數量來呈現。

提高對美的意識及感受，多餘之物自然會消失，因為我們會下意識地排斥無端的浪費。**如果總是無法克制浪費，代表心中還留有某種不必要的執著。只要提升對美的意識及感受，體會使用美好物品的喜悅，就能擺脫對於物質的執著。**

根據自己的美感意識所挑選的收藏品，只要空間有餘裕容納，就沒有「浪費」一說，但這對狹小的住居環境或許會比較為難。不過，收藏應該是一種尋求美好、引發感動的過程，最終的目標還是要放下對於收集物品的執著。因此，收藏品只需要保留一部分特別具有意義的東西，盡力使其與住居空間維持協調的美感。

美的意識一旦提升，就能體會物品與空間融為一體的美麗，感受從中散發的安適與寧靜。

我們所應培養的美感意識，並非是虛無飄緲、或裝腔作勢，而是追尋一種恰如其分、充實協調的狀態。

13 懂得鑑賞好物

一般說來，高級用品只有在待客時才會曇花一現，日常生活中只會出現一般的用品，尤其餐具等更是如此。然而，這種態度卻會使我們越來越缺乏鑑賞好物的能力。

每天讓自己被美好的物品包圍，是提升品味的最佳捷徑。

平常不使用好東西的理由，無非是擔心會弄壞或損傷，或是覺得保養很麻煩。如此一來，就無法讓日常變得美好，更無法磨練鑑賞真品好物的眼光。只有**盡量使用自己擁有的好東西，不去區分待客場合和一般用途，才是真正不浪費的生活**，也才能自然而然培養出美的意識，進化品格與視界。

如何才能培養出鑑賞好物的眼光與能力？唯一的方法就是鍛鍊自己的五感，讓自己處於能帶來正面影響的環境。

視覺上可以盡情接觸美麗的大自然及優秀的藝術品；聽覺上可以聆賞美妙的音樂；觸覺上可以觸摸上乘的質料；嗅覺上可以品聞花朵及美食的不同香氣，以及各個季節的可口料理。

懂得鑑賞好物，身邊就不會再出現廉價的劣質品，有人認為這樣會養成眼高手低的心態，反而造成不幸，其實是杞人憂天。

培養鑑賞好物的眼光，將會體驗別開生面的樂趣，一是豐富的想像力，另一是不會被虛假代替品迷惑的篤定，因而不再被無謂的執著所綑綁。

收藏幾件不退流行的經典款

經歷了限量品、當季、平價或必備單品等快速時尚的衝擊浪潮之後，真正熱愛時尚的人們終於發現，**過多的衣物無法帶來內心的平穩及自信。我們真正需要的，是數量不多也無妨，但品質上乘的好東西。**

想選出真正高級的服裝，必須先學會分辨材質的優劣。天然材質自是首選，但即便是天然材質，現代製品的品質也比從前低落了許多。許多慢工精製的服裝價格又非常昂貴，重點是數量稀少，單就流通性來看，就注定不是誰都能入手。

布料的好壞攸關肌膚的觸感，可以先憑手感找出肌膚覺得舒適的質料。最接近肌膚觸感的材質，首推高級的喀什米爾羊毛，尤以出生六個月內的羔羊絨品質最佳，不但質輕細緻、光澤柔軟，還具有舒適的滑潤感，做成的織品非常輕薄保暖。

比喀什米爾羊毛品質更佳的是駱馬毛（Vicuña，又稱小羊駝，安地斯山特有保護類動物），它的絨毛觸感比蠶絲還要細緻，被稱為上帝的織物（Fibre of the Gods）。

其次是花色，每個人的喜好各有不同，而花色圖案也能突顯質料的好壞，好的花色甚至能提升廉價品的質感。上等的材質容易顯色，職人在印染布料時也會仔細選擇能完美呈現如此材質的花色。

再來是做工。做工越繁複，越能呈現服裝的品質，巧妙的用料及紮實挺立的剪裁更能塑造出美好的身形。

一旦確立了自己的風格，只要擁有少數幾件不退流行、可以長久穿著的高級經典款，就能滿足服裝需求。了解什麼是「屬於自己」的色彩、圖案及款式，之後只要留意一下布料質地及服裝剪裁，就能穿出好品味。

好食材需要好食器來搭配

無需追求高價的美食，只要了解食材原始的風味，就能體會料理的精髓。這道理說來簡單，實行卻很不容易，因為現代人已經習慣加工品的味道，所以我們必須努力增加接觸這些原始美味的機會。

首先，不要因為貪圖方便，就一味依賴便利商店及超級市場，試著從各種管道獲取食材，如此一來，就有更多機會找到優質好物。這也就是說，把平常發掘美味小吃或美食名店的能量，轉而用來尋找好的食材。

挑選好食材，可以先從鹽巴、砂糖、醬油、味噌、醋、芝麻油、橄欖油、蜂蜜及豆類（黃豆、黑豆、豌豆、鷹嘴豆）等開始。接著是蛋類、小魚乾、豆腐、昆布、海帶、羊栖菜、岩藻、玄米、葫蘆乾、乾香菇、麵粉類或義大利麵等常備食材。再來才是肉類、魚類及蔬菜。

有了好食材，自然需要好的食器。有人喜歡在外品飲高級紅酒，也有人喜歡在自家用好的酒杯搭配平價紅酒，哪一種比較盡興，端看個人的判斷，不過好的紅酒杯確實能提升紅酒的味道，好的食器則能為料理增添美感及風味。

當然，食物首重營養，但若以愉悅的心情吃下美味的佳餚，更能提升營養價值。因此在食材之外，食器的擺設配置也要用心。

人的一生中能有幾次享用時間、空間、人、物以及味道全都完美的極致料理？應該是屈指可數吧！如果能增加這種上質的機會，絕對是人生莫大的享受。

「適材適所」，充分活用空間

美好的住居，應該有著我們珍視的事物，讓我們在此度過屬於自己的時間。只有最舒適、最能解放心靈並帶來安全感的空間，才是真正的「家」。

因此，住家的豪華或簡樸並不重要，重要的是如何活用現有的空間。

很多人都以為，只有昂貴的家具或擺設才能打造良好的環境，但真正舒適的「家」，應該要符合全家人當前的生活習慣，並能徹底發揮空間效益。

這樣的住居，會擺放讓自己及家人的生活更為豐美的物品，那才是我們所必需。一幅大師的名畫如果從不曾被拿出來掛上，最後被遺忘在時間的角落，就算再昂貴，也只是不被需要的東西。

想要活用住居空間及家具擺設，**必須注意空間與家具之間的平衡。無論家具再高級，只要擺放過多就會對生活造成不便，同時讓動線變得混亂**。

收納空間如果頂到天花板，就變成了隔牆櫃，會使空間變得狹小。因此像客廳這樣的地方，最好盡量使用低矮的收納家具，才會顯得開闊。但同樣的占地面積，隔牆櫃卻有更大的收納空間，因此適合用在書房及個人房間，這就是所謂的「適材適所」。

想讓房間更覺寬廣，可以讓沙發靠牆。此外，並不是大空間就要擺放大型沙發，重點是人與人之間的距離感。若希望打造出和樂的相處空間，座椅的擺放自然是靠近一點比較好。

如果生活動線及家具都符合空間目的，配置平衡協調，所擺放的家具既相襯且品質優良，使用效率也很高，這就是舒適、美好的住居空間。

14 感受仿作的樂趣

擁有鑑賞真品的眼光，就能分辨仿作與偽裝。生活中偶爾也會需要這樣的能力。

不只是人類，狗、猴子或變色龍都會為了保護自己而偽裝。而人類比較特別的是，會為了不傷害對方、取悅他人或不想吐露實情，選擇裝傻及說謊。所謂的「幽默」多半都是謊話，或者在真相中摻入謊話來增添趣味性，因為我們根本不想聽到無趣的真相。

只不過，若為了應付眼前的難關而說謊，之後就得牢記在心，否則反而會造成更嚴重的後果，或是被拆穿而喪失信用。就算當下是為了不傷害對方才那樣說，之後要是一慌張起來或思緒混亂，也可能敗露真相，所以最好還是不要說謊。無論什麼時候，坦誠以對都是最輕鬆的，就算剛開始說了謊，也可以在日後付諸實現，讓它變成真實。

人類還擁有「假扮」這種說謊的能力，假扮是個好孩子、假扮是個好人。就算起初是假扮，久而久之若樂在其中，也可能成真。謊言與事實，虛假與真相，又有誰能確切地分辨清楚？

其實，**為了讓日常生活更加美好，人們自古就懂得運用假象、仿造品或錯覺等各種技巧從事創作，有時這些仿作甚至比真品更具價值。**

欣賞仿品的趣味與魅力

一直以來，服裝就是實現美夢及幻想之物，帶來的歡愉感更甚於實用價值。從這個角度來說，或許仿作才是服裝真正的本質。

近年來，使用仿造皮草及皮革的趨勢增加，這倒不是因為真品漸難取得或無法使用，而是仿造品更能發揮設計上的趣味。當然這其中也帶有保護動物的背景因素，總之在現今這個時代，仿造品已經不再被認為毫無價值。

由於地球暖化，對皮草的防寒需求已經減少，羽絨或先進的發熱纖維等材質成為最新的保暖主力。過去因為耐用而成為靴子或包包材料的真皮，也被各種更耐用的材質所取代。

採用仿造皮草的大衣、以壓紋方式仿製珍稀爬蟲類皮紋的皮革製品（即使用以壓紋的皮革是真皮仍屬仿造）如今受到推崇，也是因為仿造增添了更多趣味性。

寶石也是一樣，真正頂級的無價之寶，只要在博物館裡欣賞，體會其所激發的感動。理解真品之美後，人造的「時尚珠寶」（costume jewelry）也能在日常中為人們帶來裝扮的樂趣。

珠寶通常是指五大寶石（鑽石、紅寶石、藍寶石、翡翠、珍珠），而高價寶石之外的天然石（水晶或海藍寶）在經過雕工設計後，也是十分迷人的飾品。

有時候，人造寶石反而比真正的寶石色澤更美、更耀眼，就算是仿作，同樣能散發令人驚艷的魅力。據說以前的富豪會將真正的珠寶收藏在金庫，身上只戴仿製品，若換成是現在的時尚珠寶，自然就無需如此嚴加保管了。

從精進料理學習仿製的藝術

除了偽造產地或保存期限等違法行為之外，**享用仿製食品，也是飲食生活的樂趣之一。而「精進料理」（素齋料理）就是將仿製提升至藝術境界的極致表現。**

精進料理又稱為「仿葷素菜」，顧名思義是以其他食材表現肉類的味道，讓素食者也能享受葷食的美味。例如，用香菇等菇類呈現高級鮑魚的口感、用豆腐創造出肉類的美味……油炸豆腐團（用豆腐、山藥、牛蒡、香菇、昆布、胡蘿蔔及銀杏等做成丸子油炸）的日文是「擬雁」，據說就是模擬大雁的肉味所製成。

還有傳自中國的「普茶料理」，也是透過日本禪宗（黃檗宗）流傳開來的素菜筵席，菜色中的芝麻豆腐是模擬白肉魚的生魚片滋味。基本上，用芝麻油炒或炸的烹飪法，也是讓仿葷素菜更添美味的技巧。

據說現今最受歡迎的仿製食品就是「蟹肉棒」，明明是仿製品卻熱銷全世界，或許是因為它具有與蟹肉相似的美味，卻又顯得別有玩心吧！

日本早從平安時代就開始製作魚漿類食品，也難怪會創造出蟹肉棒這樣的商品。蟹肉棒是將冷凍的阿拉斯加鱈魚肉急速解凍再冷凍，以營造類似蟹腳纖維的口感，最後再加入蟹肉的香味及精華。歷經種種工序後，與其說它是仿製食品，其實已算是另一種有意思的新食材了。

經過加工的仿製食品確實有其風味及魅力，但比起採用加工製品，更建議各位在家盡情發想，創作屬於自己的「仿葷素菜」。

善用虛實效果展演空間

為了讓室內空間顯得更為寬廣，有人會在牆壁貼上一整片鏡子以增加空間感，這就是屬於住居的偽裝術。

歐洲在近幾世紀十分流行所謂的「仿真壁畫」，透過極為寫實的畫法，讓一些不存在的事物宛如出現在眼前——例如牆上的書櫃、或是畫出一道門佯裝有鄰室，讓人在一瞬間感受到以假亂真的趣味。而現代因為照相、印刷及影像技術的進步，幾乎可以呈現各式各樣的裝飾效果，只不過日常的住居空間是否如旅館、民宿般需要這樣的展演，則要視個人喜好而定。

饒富趣味的燈光效果雖然不算假象，卻沒有實體，只能透過光線的照射及陰影來構成特出景象。如果只是單純從天花板撒下平均的光線，明亮度雖然足夠，卻略顯單調乏味。除了兒童房及工作室之外，其他空間皆可採用各種光影效果。**光與影，能突顯想要展現之物，也能消除無用之物，其所創造的虛實效果十分出色**。

此外，如今已發展出複合式貼皮地板，比原木地板更美、更能表現木質的特色。園藝上則開始採用（塑膠製）人工竹，相較於真正的竹子會隨著時間產生變化，人工竹除了累積灰塵之外，質地則完全不會改變。雖然貼皮地板看起來和原木還是有不少差異，卻具有不像原木會折翹及端裂的優點。

由此可知，現代已經出現許多比真品功能更為優越的仿製品。

15 追求簡約

無論年齡多寡，有許多人都喜歡簡約的風格。年輕人將簡約視為流行趨勢，自然而然予以接受。而生活閱歷深厚的成熟大人，則想要擺脫繁雜、重歸平靜，因而愛上簡約。

一直以來，日本人就很擅長透過材質、色彩、造型及光線等要素表現簡約風格。追求簡約，是想藉著去除多餘的造型及機能，甚至是與人的對話，讓生活更為充實。**捨棄，是為了讓未來更豐富。它不只能去除生活中的雜質，更能幫助自己找出最重要的東西。**

我們也可以說，這是為了追求豐富而實踐的簡約。

一旦去除了不需要的東西，真實就會展現出來。我們也會發現，並非追求物質才是享受，簡約單純又不依賴外物的日常其實也很清新。

人只需要最低限度的物質就能生活。從前的生活空間極為狹小，一個房間可以充作寢室，也能變成食堂，只要輪替更換茶几及寢具。這樣的生活有其形成的背景，但並非只是貧窮所致，而是當時人們追求的生活方式，是與現今不同的樸實、單純與簡潔。這樣的簡約發展到極致，就成為今日的極簡主義（Minimalism）。

雖然日本的設計風格多為素雅、簡潔，形態與機能卻非常豐富。就這一點而言，日本的設計雖然不如裝飾金銀珠寶的歐洲貴族文化來得豪華，在造型及材質上卻不會給人貧乏寒酸的感覺，可說是去除贅飾後渾然天成的藝術之作。

捨棄之後，才會明白什麼最重要。

確立風格，就能精簡服裝數量

「衣櫥裡的衣服永遠少一件。」說到這一點，每個人都有自己的理由。不過，**只要流露品味、適合自己又能展現個性，就算總是穿著相同的服裝也會獨具風格，服裝的數量也能盡量精簡**。

上班服、通勤服等套裝，內搭的上衣或襯衫可以盡量選擇明亮色調。套裝依照季節不同各要準備三套，內搭上衣或襯衫大約要有五件。

裙裝（連身洋裝）要重質不重量，挑選可以展現自信的剪裁。出席宴會的正式服裝，以基本、簡約的黑色禮服為主，再搭配飾品、絲巾、手套、帽子或包包等配件來增添魅力。

至於大衣，除了風衣之外還要準備三件。一件是厚實的羊毛或喀什米爾大衣；一件是披肩斗篷（針織材質）；最後再加上一件短大衣（羽絨衣）就已足夠。

懂得運用各種配件，就能極度精簡服裝的數量。

連身洋裝是最符合簡約精神的服裝，簡潔俐落的剪裁流露出現代感，還能配合外出目的及場合選擇休閒或隆重的款式，並隨著氣溫等各種狀況穿搭變化。

在這當中最好搭配的是無袖洋裝，選擇同樣材質的外套可以變成套裝，若是單穿，無論是短蓋袖、五分袖或纖細的長袖，皆能展現素雅、美麗的氣質。每個人可以選擇適合自己的領口剪裁，想要展現時尚感，就挑細肩帶或平口洋裝，做為派對裝束也很理想；有衣領的洋裝基本上都是單穿，也可以搭配針織外套營造休閒感。

裙子的款式要視目的而定，緊身裙適合職場或成熟的裝扮，A字裙可以展現女人味。裙長則是以膝蓋為基準，選擇最能讓雙腿顯得美麗修長的長度。

衣服的材質會隨著季節變化，如果體型經過鍛鍊，針織材質最好搭配，換季時也可以直接收進抽屜或箱子裡，以收納的角度來說非常優異。

以蒸煮為本，用調味變化

無論西式料理或中華料理，基本上都是使用相同的食材，以調味創造出不同風貌。這麼說或許有些武斷，但以家庭料理來說，這樣的技巧就足以因應。

・中華料理的調味，以薑、洋蔥、蒜末及麻油、紹興酒、雞湯、醬油等為主。

・義大利料理以橄欖油、鹽、胡椒、蒜頭、帕瑪森起司、義大利香醋、清湯及蔬菜醬底為主。

・日式料理以柴魚及昆布高湯、味醂、醬油為主。

・想增加辣味，可以加入辣椒、芥末、黃芥末等，日式料理則用山葵比較對味。

・想增加酸味，中華料理可以加入黑醋，義大利料理加入紅酒醋、檸檬，日式料理加入糯米醋、柚子醋（以醬油7、醋5、味醂3的比例加入柴魚、昆布及柚子皮）、酢橘汁、臭橙及柚子。

烹飪時以蒸煮為基本，之後只要變化調味，就可以完成豐富多樣的家庭料理。這種方法最適合蔬菜料理。胡蘿蔔及花椰菜蒸煮過後可做為常備菜；茄子切成薄片蒸過後，再搭配各種調味，就是夏、秋兩季的代表美食。

肉類及魚類以烤或蒸煮為主，加入不同調味，可以做成日式或西式料理。肉類或魚類也可以搭配蒸過的溫野菜（花椰菜、胡蘿蔔、香菇、洋蔥、青椒、蘆筍、菠菜等），若是加入高湯，不僅美味且營養豐富，事後整理也很方便。

冬天以燉煮為主，一道菜就可以提供熱騰騰的料理，並攝取多樣食材。蔬菜類湯品可以事先做好，夏天喝冷湯，冬天加熱即可。做成濃湯或慕斯，可以一次吃進多種蔬菜，解決蔬菜攝取不足或偏食的問題。用麵包粉代替麵粉為湯品增加濃稠度，可以減少結塊的困擾；把麵包粉加進義大利麵的醬汁，則能使醬汁更容易附著在麵條上。

想用整顆洋蔥製作溫野菜，只要將其橫切幾刀，放進微波爐加熱七分鐘左右，等洋蔥像花瓣般綻開，再淋上柚子醋就很美味，搭配山葵和美乃滋也是理想的組合。蘆筍則推薦在水煮之後，放上半熟的荷包蛋，將蛋黃戳破一起食用（可撒上帕瑪森起司）。**料理手法越簡單，就越不容易出錯，也越能品嚐道地的美味。**

用最少的上質家具取代雜亂物品

簡約的住居風格，基本上要掌握「隱藏、收納、整理」這三大要項。

就算沒買東西，也經常覺得家中莫名增加許多物品，這是因為東西拿出來之後就沒有再收好的關係。想維持住居的簡約整潔，就要養成隨手物歸原位的習慣。

既是追求簡約，家中的物品自然要減至最低限度，基本上也不需要擺放裝飾品。真想放些擺飾，可以在玻璃櫥櫃裡簡單放置幾件，不但方便整理，也較能保持清潔。

初次一個人獨居，就是實踐簡約生活的機會。剛開始選擇生活必需品時，往往容易被眾多選項吸引，勾起購買的欲望，平常有收集癖好的人就要避免因一時衝動，買了過多的物品。

購置家中用品時，最重要的是不被花色所迷惑，而要以造型來取決。雖然每個人喜好的顏色不同，只要朝著高質感的方向挑選，一定能發現最適合的顏色。如果真的難以決定，就選白色吧！特別是食器或雜貨等易顯雜亂的物品，白色都是不敗的基本色。

家具則要選擇可以長長久久使用的上質好物。小型抽屜櫃、單人椅、小茶几、書桌及化妝台等都是基本款，如果連這些都不需要，可以用箱子兼做收納及工作台，硬式行李箱也能拿來收納。小型箱子可以因應環境做各種變化，是不可或缺的物品，好一點的材質可以陪伴我們一輩子。

毛巾和床單等織品可以多花點預算（比起衣服還是便宜許多），選擇高級飯店採用的上好白色亞麻布或棉布。身邊使用的織品若是高級材質，也能培養鑑賞好物的眼光。觸感極佳的毛巾和帶來安心感的抱枕，要比布娃娃等更能排解寂寞的感受。

現今走在時代尖端的生活方式，就是無論年齡為何，都能像年輕人般過著獨立自主又充滿朝氣的生活。善用自己的生活經驗，用最少的上質家具取代雜亂物品，打造出凝聚人心的舒適生活空間吧！

16 讓日常更有質感

日常生活代表著一個人的基本，人所擁有的感性也在當中時時磨練。那是完全沒有偽裝、真正的自己，包含了一個人所有的本質。

我們在每天的生活累積中思考與行動，所以一旦置身非日常的情境，再怎麼擅長偽裝的人，也會洩露平時習慣的蛛絲馬跡，要是碰上突發狀況，往往就會顯現出原有的作風與本性。

不過，只要私下的自己與外在的形象是一致的，就不會造成問題。生活方式的內外落差越少，越能活得輕鬆自在。因此，平時就要提升日常生活的質感，讓自己與良品好物為伍。

雖然我們也能從一般量產品中找到不錯的好物，但不可諱言高價品還是比較可能有上等的質感。不過，這裡指的並不是刻意表現出高級感的物品，那已經有違時代氣息了。現今追求的質感是看來素淨、質樸，卻在低調中流露品味，也就是始終深得人心的簡約風格。

日常生活中使用的上質好物，不只要講究材質及做工，還必須兼顧功能的多樣性，足以廣泛運用。好東西的使用期限長、再加上功能優異，自然就成為基本的最佳選擇。

不知不覺使用了許久的日常物品，都是通過時間考驗的上質好物。即使歷經歲月的磨練，多少有些變化或傷痕，卻一點也不見陳舊，反而充滿了親切感。

嚴選質料，讓家居服升級

每個人的「家居服」，會隨著生活型態和模式有所不同，也有些人的工作服與家居服並沒有太大差異。就算要外出，視目的地而定，有些人會改換適合的外出服，也有些人可能直接就穿著家居服出門。

同樣是家居服，招待訪客與做家事、整理花園時的衣著也不一樣，都需要參照時機與情境，更換合宜的裝束。

一件舒適合身、質料好的家居服，只要加上配件或飾品，再搭配外套，就是適合待客的裝扮。而外出逛街或購物時，除了須留意前往的場合與地點，還可能偶遇熟人或朋友，如果要穿家居服外出，選擇好一點的質料也比較讓人安心。

如果想把穿舊的外出服當成家居服，則要細心搭配。無論衣服的質料多高級，都要避免太過隨性、不協調的穿搭，畢竟那反映著自己的品味。

以毛衣為主的針織類服裝，好穿又便於行動，是最適合做為家居服的選擇之一。如今以針織衫做為時尚穿搭或外出裝扮，已不再有過於休閒的感覺，只要運用配件增加時尚感，就能成為亮眼的外出服。

既然是家居服，就代表會長時間穿在身上，因此方便活動、舒適自在、不易變形，即使舊了仍能維持品質的衣服，是最理想的選擇。從這個角度來看，家居服或許比外出服更需要講究品質。

只要升級家居服的層次，不僅可以多出一些時尚的外出服，更能整頓生活習慣，提升自己的氣質。

準備好用的刀具和平底鍋

決定料理美味程度的第一步是工具，品質優異的菜刀才能做出好吃的料理。話雖如此，如果料理的手藝不夠到位，就算使用專業級刀具也難有助益。所用料理工具的層級應該和本身的烹飪技術成正比，這跟選擇運動器材是一樣的道理。

如果手邊沒有蒸籠，建議可以買好一點的；要是已經有了，就先以現有的練習，使技術更為純熟。

想讓料理過程更為輕鬆，需要擁有幾樣好工具，而且經常使用，讓自己熟能生巧。平底鍋也一樣要選擇優質的產品。只要過程不失敗，就不會浪費食材，也能烹出美味。

家庭料理無需採用珍貴的高檔食材，慎選可以安心食用的優質肉類、魚類及蔬菜，就能簡單做出美味的料理。即使是名貴的食材，**不使用以微波爐加熱烹煮的加工製品，也不搭配工廠製作的醬料，而是對生活有更好的堅持，這就是所謂日常的美好質感。**

京都的家庭料理經常使用油豆腐，在烤過之後切細，和鹽漬小黃瓜一起做成醋醃黃瓜豆腐絲，也可以和青椒、魩仔魚拌炒，再搭配菠菜、小松菜或是加在燉飯上。壽司豆皮也是深得人心的常見食材。油豆腐或豆腐之類的豆製品用途非常廣泛，可以說是家庭料理界的天后。

除了日式風味，也可以多使用番茄醬、帕瑪森起司等提升家常飲食的滋味層次。即使並非要招待客人，平時花點心思挑選餐桌的桌布、擺上鮮花或蠟燭妝點，也是讓家庭料理增添品味與質感的方法之一。

上質織品是必備元素

生活行為與住居空間同屬一體，因此不會只有住居單獨提升質感的狀況。人很容易受環境影響，住居空間不只是培育人的地方，更肩負養成感性的重責大任。住居空間若是質感美好，生活方式也會隨之優化。

毛巾等居家常備的織品，看似是輔助角色，卻代表著整體住居的日常品質，也象徵著生活的豐饒。上質毛巾不但讓使用的空間更顯豐富，還能帶給使用者細膩的觸覺與安全感。

據說從前西歐的賢良女性會在出嫁前準備好足以使用一生、繡有姓名縮寫的家用織品。圍裙或繡著姓名縮寫的織品，會經過修補代代使用，成為家中傳承的寶物。日本也有整匹的家用白絹布，意義及用途都很類似。

家用織品通常有毛巾、床單、廚房抹布、桌布及餐巾等，材質以亞麻和棉為主。亞麻布有優秀的吸水及撥水性，髒污容易去除，也禁得起清洗，使用越久越見柔軟，最高級的愛爾蘭亞麻布，據說連擦拭玻璃都不會留下任何細微的纖維。上質棉則有埃及棉、海島棉，皆有絲絹般的光澤、如同喀什米爾羊毛的觸感。當然，只要目前使用的織品是自己覺得舒適的觸感，就算不是高級品也無妨。

從前的人們將繡有姓名縮寫的純白棉布視為高級織品的代表，即使是現在，白色也仍是代表氣質的顏色。若想加入其他顏色，一定要優先選擇帶有潔淨、清爽感覺的色彩，連同白色在內不要超過三種。

有些人會在客人用的洗手間放上漂亮的毛巾做為裝飾，則要記得和實際使用的毛巾分開放置，以免客人不小心誤用。

17 理解奢華的真義

從前對奢華的認知，就是享受來自他人的服務，越細緻體貼代表自己越受重視。想要享受為自己量身訂做的專屬禮遇，自然必須付出相對的代價，因此以往只有極少數的權貴人物能獲得特殊對待，而他們也背負著同等重大的責任與義務。雖然有不少人以為，只要有足夠的預算就能享受奢華，但真正的奢華並無法單憑金錢造就。

況且，現今若還在追求以往的那種奢華，也已經顯得落伍，畢竟不是所有人都能享受那種他人款待的尊榮服務。現在被視為奢華的事物，往往都只是「貌似、好像」的假奢華。

拓展視野、琢磨生活技能，就能憑自己的力量體驗奢華的服務。例如，我們自己就

能決定如何奢華地享受時間。內在生活的充實，是完全無需仰賴預算決定的奢華。

第一件奢華的事，就從時時犒賞自己開始。

給自己一份跳脫日常格局的喜悅，像是買盒平時用來送禮的高級巧克力暗自享用，做為給自己的讚賞。

理解什麼是物質或服務的真正奢華，對我們來說就已足夠。雖然不懂這些也一樣能幸福，但最好還是盡量充實自己的感受性與想像力，這樣更能體驗真切的快樂，並為各種小事感到喜悅。

提升感受性，讓自己對美的事物更為敏銳，也是給予自己的一種奢華。

能夠肯定並認同現在的自己，可以說是真正的奢華，只要別拿自己跟他人比較，就能輕鬆做到。除了自己之外，如果也能讚賞、支持並感謝他人，更是至高無上的奢華。

符合身分場合，比追求醒目更重要

精品名牌服飾一向被視為奢侈品，時裝秀中發表的系列新品，每件訂製服都經由繁複手工處理，以珍稀的布料製作。這些是為了世上極少數人所創造的奢侈品，大多數人入手的則是所謂的副牌（diffusion line）產品，亦即針對一般消費者推出的量販型高級成衣。因此，即使購買了精品名牌服飾，也與以往定義的奢華不同，畢竟一般化的商品已不足以稱為奢華。

現今所謂的奢華，是洗練合身、穿著舒適，即使舊了看來還是保養得宜的服裝。就像英國鄉村仕紳喜愛的古著外套，用隨處可見的素材縫製而成，卻恰如其分融合了布料的優點及人們對服裝機能的要求，營造出隨性自然的不凡質感。

即便如此，並不代表我們就無需講究。首先要了解自己的個性、掌握適合的穿搭，並追求身形的美感。這是指不靠時尚的名牌服飾遮掩身材的缺點，而是以運動鍛鍊來雕塑身形，同時盡力維持良好的儀態。只有經過鍛鍊的身形，才能充分展現服裝的美感。

現代人的奢華，應該符合身分與場合，這比一味地追求醒目還困難。既不能拉低場合的格調，也不宜太過顯眼，更要避免格格不入，並且成為襯托場合的一部分，這需要極為洗練的感性才能做到。雖然困難，但其中的思考過程，也不失為一種奢華的樂趣。

在繁複步驟中體會奢侈的樂趣

使用上等食材、向高級餐廳訂購餐點或邀請名廚登門料理，都稱不上是奢華。**奢華需要花費心力與時間**。

為了使料理美味，必須下足工夫，親手做出好吃的菜色。將市售的高級餐廳冷凍湯包加熱後倒進餐具裡，雖然節省時間，但省時這件事本身，便完全與奢華背道而馳。

從製作高湯、清湯開始，再親手調製搭配的醬汁；玉米濃湯不使用罐頭或料理包，而是將新鮮玉米粒用熱水燙過，再篩選、磨碎、熬煮，完成之後，就是世上最溫柔極致的美味。這才叫做奢華。

耗時費心的精進（素齋）料理雖然奢華，但家庭料理並不需要講究到這種程度。活用日式、西式及中華料理等各種調味方法來搭配肉類、魚類，並留意營養均衡，基本上就是比精進料理更為奢華的大餐。

用珍貴或上等的食材製作料理當然是奢華，但只要挑選對身體有益的食材，認真烹調出美味，這樣的奢華程度也是毫不遜色。

剛採下的當季野菜，簡單處理後，做成保留食材優點的可口料理，也是一種奢華。

姑且不論吃早餐對健康是好是壞的爭議，花點時間慢慢享用早餐，還是一份給予自己的奢華。喜歡日式就以納豆蓋飯為主；習慣西式可以自製新鮮果汁搭配葡萄乾麵包，再自由變化咖啡或其他配餐。只要吃頓美好的早餐，就算沒吃午餐，晚上也只是簡單地攝取輕食，同樣能保持健康。

最奢華的享受是與自然融合

從修行者的庵室到權力者的宅邸，日本家屋多半非常注重與自然的協調融合。這樣的居住形態不僅難有便利的設備，還必須忍受比現在更為酷寒或炎熱的惡劣環境，當權者可以雇用人手彌補環境的不足，平民就只能發揮忍耐的精神努力過活。即便如此，當時的生活說不定還是比如今更為快適自在。現代住居裡配置的各種舒適設備，其實只是用以彌補不良的環境。

將清潔工作委託給專業人員等他人代勞，即使住居乾淨整潔，仍然稱不上是美。就算這麼做了，還是**希望主人可以親手維護、保養自己的房子。透過維護保養的過程，可以親身體會住居一點一點變美的奢華，與當中的空間及物品交流對話。**

保持與自然的協調互動也是一樣。在冬天打開暖氣，把室溫調得像夏天，可算不上奢華。打開窗戶感受新鮮空氣的流動，讓梅花及桂花的香氣乘風飄進屋內，偶爾還能感受到雨水帶來的濕潤，世上還有什麼樣的奢華更甚於此？即使處於都市欠佳的環境，也要努力多接觸自然，在狹小的住居裡，同樣能感受到一絲奢侈。

住居內通常都有難以察覺的氣味，這時不要使用消臭劑，而是要徹底清潔，打造一個無臭、清爽的空間。居住在沒有氣味的簡潔環境裡，就是奢華的享受。

能讓人體驗生活奢華感的住居，與一般所謂的豪宅是截然不同的概念。

18 樂在清貧

在現今這個時代，無論生活方式或擁有的物品，多半都已經全球化，而對世人——特別是西方人——來說，清貧就等於窮困，富足則等於豪華。「樂在清貧」這個觀念對日本人來說很尋常，但若換成其他國家或文化，也許就不是那麼容易理解了。

能夠樂在清貧，必須本身就蘊含豐富的感性。富足並非只是雙眼可見、物質上的豪奢，而是在簡樸的生活中，也能體驗到深刻的豐實。

比方說，昭和中期左右的電影裡所呈現的日本，就給人這樣的感覺——美麗的大自然、人與人之間溫暖的關係、強力的家族連結、禮貌的應對及體貼的對話，一切的景象是如此地和諧。那不是窮困，而是豐實的清貧生活。那樣的生活方式不只存在於電影裡，也可見於現實生活中，即使以當前的觀點來看，也絕不落伍。

如今，金錢與經濟已使人們的價值觀產生了偏差，清貧的生活方式不再受到推崇。但在以往窮困的年代，清貧並未帶有負面的意義。或許，我們早就心知肚明，自己已經回不到那樣的從前了吧！

即使過往的價值觀已不復存在，只要回歸初心，或許能萌生新的想法或發掘其他的樂趣。而「清貧」這個關鍵詞，說不定將成為幫助我們提升品味層次的契機。

一年不買新衣，重新確認自己的喜好

服裝雖然是讓外表變得更理想的道具，但前提是要能取悅自己。這份愉悅感是來自於費心琢磨而使自己變美，若是以為穿上高級服飾就一定能變美，以這種錯誤的想法選購服裝，只會覺得預算不夠，所以買不到適合的衣服。

因此，可以試著一、兩年完全不要添購新衣，用原有的舊衣磨練穿搭技巧，也能讓封藏在衣櫥深處已久的好衣服再次煥發新生命，並重新確認自己的風格。

為此，首先要徹底了解自己適合何種顏色及款式。

雖然四季變換如常，但我們所穿的服裝，會隨著每一年的氣溫及濕度、晴雨等氣候狀況有所變化。因此有些衣服即使暫時穿不到，也不一定要急著處理掉，確定適合自己的則要好好保存。

要判斷是否適合自己，重點就是穿起來覺得開心或無趣，如果穿上後感到愉悅自得，那就是適合自己。

花些時間研究穿搭，就算不逛街採購，也能在現有的衣飾中發現理想的搭配，創造另一種樂趣。若真的做不出適合的安排，再仔細思考還有什麼其他可行的服裝規劃。只要決定不再購買新衣，就會浮現很多新的想法，進而提升自己的品味及穿搭能力。在下回置裝時，也會知道怎麼挑選真正適合自己、又穿得長久的衣服。

就如同現今的政治與經濟政策，我們對於服裝的穿搭規劃，或許也需要暫停一下，審慎思考之後再重新起步的機會。

熟悉食材的相容性，就能隨機應變

就算每天都吃相同的東西，只要料理得當就不會嫌膩，若是再搭配均衡、豐富的營養，就是最完美的清貧餐桌。料理會吃膩，是因為味道的完成度太低。

家庭料理的高手可以隨時應用現有的食材做菜，不但發揮創造力、也充滿樂趣。這可不是將所有食材隨便組合在一起就行，而是必須熟悉每樣食材的相容性。

方法之一是用顏色來判斷。**白色的食材（白蘿蔔、洋蔥、蔥、白菜、豆腐或白米等）與所有的食材都合拍，搭配起來也好吃，可以做為最初的選擇**。不知道怎麼分色的食材，若擔心組合起來不理想，可以單獨處理做成配菜。

可用的食材如果不多，處理時要盡量細心，努力呈現食材的美味。此時可以將其與增加鮮味、提升風味、營造香味的食材組合，再以調味料補強。醬油及味噌等發酵食品會讓味道更醇厚，做出日式的和風調味。

豆製品是最適合清貧料理的食材。豆腐一定要買好吃的手工製品，只要試吃一小塊，就能知道用料是否實在。另外，像是豆渣、油豆腐、豆皮及烤豆腐都是家庭料理中不可或缺的要角。也可以將黃豆燉軟之後加入番茄醬，再以鹽巴、胡椒、橄欖油調味，就是西式的清貧料理。

夏天時，若想用現有食材做出簡單的冷麵、冷湯烏龍麵或蕎麥涼麵，要盡量選擇容易附著在麵條上的食材，如柴魚、海苔、秋葵、海帶芽、山藥、黃瓜絲等。想讓味道更為香濃，可以搭配肉類或炸物，或是考慮加入辛香料（蔥花、薑泥、茗荷、山椒、七味粉等）。

不只是麵類，想用現有食材做些簡單料理時，把握這些訣竅，就幾乎不會失敗。

打造充實心靈的溫暖住居

或許有人會以為，清貧的住居環境就是像道場般，房內空無一物只有地板，但在日常生活中，很難有人可以「清貧」到這樣的程度。

不過，若只是依照日常生活的基準，將所需物品縮減至最低限度，或許比較容易。一旦把重心都聚焦於生活方式，已稱不上是清貧。要求所有設備都必須舒適宜人，不是會使住居變得過於豪奢，就是只能以低價買下中看不中用的次級品。與其想面面俱到，不如針對幾個重點去尋求真正的優質好物，才是清貧的表現。

這也就是說，我們必須了解自己在住居裡最重視什麼。如果犧牲了家人的身體健康，這可不是清貧，而是心靈貧乏。為了省電不開冷氣而中暑，也絕不是現代的清貧精神。

舉例來說，個人空間中會有許多充實內在生活的必需品，有時是質感好的桌椅組，有時是舒適的安樂椅，每個人的需求都不相同，重點是能讓自己安心、放鬆。這樣的個人天地，就必須選擇符合整體美感的優質好物。

對自己具有特別價值的東西，像是色彩美麗的玻璃瓶、形狀漂亮的鵝卵石及貝殼、老房子的拉門或手工製作的木桌等，都能打造出散發溫暖的清貧住居。

當然，東西不是呆板地放著就好，可以在玻璃瓶裡注入清水，放在太陽下反射光線，創造特別的光影，使廢品也能成為引人入勝的裝飾。**別讓在住居裡度過的時間有如不會流動的死水，而是要與物件產生互動，讓空間變得活潑且更具生命力。**

天然的大地色調非常適合清貧住居，純白的空間則給人缺乏寬容性的肅殺感。盡可能精簡地選購優質好物，再搭配耐受歲月變化的原木等天然素材，就能構築出充滿流動感及自由性的快適空間。

19 與自然共生

日本人喜歡學習，每個時代都會努力仿效當時最優秀的外國文化，不斷吸收中、韓及歐美等文化的精華，並轉化成自身的精神與底蘊。

但日本文化最受薰陶、也從中學習到最多的，還是原生的大自然。

大自然的變化無窮無盡，它是我們永遠的導師，不僅超越時代與文化，更是我們必須學習的對象。

與大自然共存，既能讓人安於清貧、又深感豐饒。它是唯一可以讓我們知道，自己正在錯失什麼的獨特存在。

盆栽深受歐美人士的喜愛，而他們並非只是對其有所侷限、細緻精巧又帶著異國風情的特色感到新奇，也不僅僅是為高超的栽培技術深覺驚異。

這主要是因為，盆栽不僅是微型樹木、也是自然界的縮影，使歐美人從中感受到與大自然連結的美麗，以及自然界森羅萬象的無窮變化。

一沙一世界，就是展現清貧的最高境界。

季節感的色彩，使街景更美麗

展現四季的流轉與特色，是日本文化的一部分，尤其如今季節的變換越來越不分明，透過穿搭來傳遞季節的意識，更是賞心悅目的美事。

季節的顏色、自然的顏色都是感性的色彩，要比潮流的色彩更加雋永美麗。而**在服裝上表現季節感的最佳方式，就是稍微領先當前的季節，率先加入色彩的變化**。

感覺春天的腳步接近時，可以加入溫柔的花朵色（油菜花的嫩黃、櫻花的淡粉），或是剛萌芽的嫩葉色（嫩綠）。春天一旦到來，連光線都會變得更加明亮，因此服裝除了注重色彩，也要更換成輕薄清爽的材質，才會顯得協調。

輕薄的毛料上衣、袖長較短的毛衣搭配輕巧的裙子、外套，適合溫差變化較大的初春。洋裝則需要視氣溫而定，搭配硬挺外套或開襟薄毛衣。

當夏季色彩漸盛，清爽白、活力紅及亮麗橘，還有海水藍、高山綠，這些不遜於陽光的亮麗色彩，都能為炎熱的夏季帶來一抹生命力。海軍藍及水手服款式，更是永恆的夏季代表性裝扮。

秋風吹起、葉色轉紅，就是落葉褐、鎮靜綠與沉穩駝登場的時候。初秋可以穿著棉質襯衫加毛料背心，之後就像春天一樣思考適應溫差的穿搭，同時做好足部的保暖，再添加一件外套即可。

冬天則是以黑色為基調，搭配重點亮色，穿搭出高雅氣質。

選擇具有季節感色彩的穿搭，是令人愉悅的事，不但讓街景更加多采美麗，也能使我們與自然產生一體感，對氣候的轉變更為敏銳。習慣只穿固定顏色的人，也可以試著在四季的色彩中找到適合自己膚色的選擇，偶而享受穿搭不同色彩的樂趣。

思考調理技巧，保留原始風味

專業的料理人會盡力融合季節的風味及食材，將料理提升至更高層次，卻又不加入過多的人為雕琢，而是費工、用心地展現恰到好處的自然風味。

這樣的技術，在一般家庭裡礙難執行，我們也沒有必要學習到如此程度。

專業料理人會使用季初剛生產的食材，而一般家庭只要選擇盛產期的食材，不僅營養豐富、味道也最熟成，直接食用就很可口。單憑當季盛產的新鮮食材，就足以成就佳餚美味。

就算不能自給自足，也要盡量選擇可取得的當季優質食材，以最能發揮其風味的技巧調理——像是加熱方法是否合宜、食材的搭配能否互相幫襯等，這才是做出美味家庭料理的最大關鍵，料理的種類反倒是次要考量。

此外，我們在品嚐時，也能感受到食材是否獲得了最好的對待，像是「再柔軟一點會更好吃」，或是「煮得太軟反而失去特色了」。

比方說，蕪菁的外皮很厚，在烹調時一般都會將之剝除，但如果將蕪菁連皮燒烤，再剝去燒焦的皮，反而能調理得更加柔軟好吃。同樣地，彩椒類也可以這樣調理。

烹飪，不是照本宣科地去「做出」某道菜，而是要運用最適合食材的調理方式，使其自然成就一道美味的料理。這才是展現食材原味質地的理想做法。

找回空間中的自在與無礙

日本人喜歡風景畫，自古就對花鳥風月情有獨鍾。這除了是因為風景畫能為身心帶來寧靜祥和之感，也是基於日本人對自然的愛好，因而更能感受其中蘊含的流動氣息。

從風景畫中感受到空氣的流動，聽來有些不可思議，但實際站在畫前，的確能感覺畫中彷彿氤氳出了植物的香氣，淡淡縈繞在賞畫者的鼻間，令人稱奇。

忙碌的日常生活，使人無暇品味緩緩流動的空氣，但我們仍然可以捕捉窗外驚鴻一瞥的陽光與轉瞬而逝的微風，那是大自然最完美的演出。

首先，**要把生活中感到不自然的事物移除。如果對某件事物的存在覺得奇怪或疑惑，就要把它改而安置在適得其所，不會造成滯礙、也毫無違和感的地方。**

空氣的流動等同於人的流動。當人的行動順遂無礙、空間中的動線自然流暢，空氣也會隨之時時流動，創造出快適愜意的生活空間。當我們在行動時能感覺到空氣的流動，也就等於習得了最自然的生活方式。

樹木在冬天只剩光禿的枝幹，不像夏天那樣枝繁葉茂，只要抬頭仰望就能看個分明。未經修剪的枝幹隨心所欲地生長，恰巧形成了理想的平衡，陽光灑落的位置及微風吹動的方向，在在創造出美好的自然景致。

即使置身在環境惡劣的都市裡，只要掌握自然所教導的知識，仍然能夠淡然處之。就算內外的條件有所不同，人們感受到的自然還是始終如一。

無論環境多麼簡約質樸，只要能讓人感到懷念與放鬆，當中必然隱藏著自然的巧妙演出。

20 追求極致的「清」之美

「清」（きよら）代表著一種最極致的美感，日本人會用「清冽」或「清潤」來形容美的事物，可見清潔感有多麼受到重視。

除此之外，「清」這個字在日文中也會被用來表現 clean（潔淨）與 beautiful（美麗）兩者兼具的「清麗」之意。

生活在濕度很高的氣候裡，時時注重乾淨清潔，是保有美好生活的基本條件。

身體潔淨、神清氣爽，每天都生活在寧靜平和之中，是我們應該心心念念、努力追尋的目標。

美的事物能沉澱情緒，更能淨化人心。日本人即使身處清貧，仍持續追尋美的事物，即是因為相信潔淨的心會創造美好的風景。

鑽研各類巧藝與高深技術，對於展現事物之美是不可或缺的要素，但「清」必然是最主要的核心。

由「清」所拓展出來的美，才能真正打動人心。

清潔感，是基本中的基本

職場上的工作服裝首重清潔感，整齊乾淨的裝扮才能給人清新舒爽的感受。

創造清潔感的第一步，就是穿著筆挺、潔淨的襯衫。雖然西裝外套或夾克搭配線衫或T恤的穿法便於活動、也更覺自在，但白色的棉質襯衫還是最能展現清潔感。特別是脫下外套之後，清新的白色往往能吸引眾人的目光。

不必堅持傳統的襯衫款式，我們可以配合平時的穿搭，仔細選擇適宜的領型及袖長。如果是長袖的棉質襯衫，在工作時記得要將袖口捲起，才不容易弄髒。

白色的絲質襯衫要選擇無袖或法式雙疊袖，長袖的款式則不適合在工作時穿著。

如果選擇在冬天也穿著棉質襯衫，就要搭配不影響美觀及活動的開襟線衫、背心等，留意保暖。襯衫裡面也可以穿上發熱吸濕的機能性內衣。

如果是毛料等厚重、容易起毛球和吸附灰塵的材質，要經常用毛刷保養服裝。衣服上的灰塵太明顯，就會失去清潔感，讓原本美麗的色澤失去光彩。

營造清潔感的色彩搭配，首重爽淨、簡約，避免暗沉之感。黑色系及暗色系容易顯髒，要特別留意。

冬天的洋蔥式穿搭雖然保暖效果甚佳，但若想穿出清潔感，就要多下點工夫，留心思考色彩上的搭配性及衣物間的平衡感。

料理的美味，始自潔淨的廚房

某位專業廚師說過，一間餐廳是否美味，只要看廚房就能得知。製作料理的過程雖然重要，事後的清理也不可輕忽。只有展現清潔之美的料理現場，才能做出可口佳餚。

話雖如此，一旦專注於料理的製作，就容易在做完菜時已精疲力盡，而疏於廚房的清理。也因此，能夠做好事後清理、不留髒污，再將廚房擦拭得光亮潔淨、把顯露在外的物品收拾整齊，著實令人佩服。

有智慧的料理達人，都會一邊做菜一邊順手整理，等料理一完成，廚房也收拾好了，只是看著就感到愉悅舒爽。

廚房是每天都在使用的場所，就算每天都會弄髒，也切勿把污垢留到隔日再清理。

用品或器具放在外面雖然更便於使用，卻也是髒亂的源頭，用完還是要洗淨、收好。這是維護廚房清潔的基本要件。

因此，最好可以闢出一處專事收納的儲藏區或餐具櫃，廚房裡除了流理台、瓦斯爐及工作台等烹飪時需要的作業空間，其他的器具用品全用小推車收好放在儲藏區，這是最適合小空間的收納方式。

時時將流理台、瓦斯爐擦拭乾淨，鍋碗瓢盆刷洗得光亮清潔，就是一個值得自豪的廚房。清潔的廚房代表飲食的安全，每天放心享用美味的料理，才能過著充滿活力的優雅生活。

水的清潔度也很重要，廚房一定要配備淨水器。好水不只可以飲用，更能為食材提鮮、增添料理的美味。特別是蔬菜，不但本身含有許多水分，調理時也需要吸收水分，水可以說就是食材的一部分。

整潔的家屋帶來純淨的心境

維持住居的潔淨、清新及舒爽，是很不容易、卻務必要做到的事。

夏天爬滿藤蔓的外牆帶來清新感，但若讓植物任意攀爬，很可能會侵蝕牆壁。最好一開始就考慮垂直綠化的牆面設計，在夏天能加強冷氣效果，也可節省能源，讓壁面展現清新感。此外，清潔感也需要適宜的色彩組合與素材搭配，才能長久維持。

白色的區域沒有半點髒污，時時光潔如新；花瓶裡插著朝氣蓬勃的鮮花，四處一塵不染，這真是一幅美好的生活景致。

人造花造型華麗、也能持久擺設，但有失自然，還容易累積灰塵；乾燥花雖然很有魅力，但也同樣會積塵納垢，不利人體健康。

清潔感無法只靠打掃來維持，從物品的擺放方式、到物品與空間的色彩搭配，都要選擇能展現清潔感的組合。不要使用容易顯髒的顏色，深色系雖然具有個性美，卻不易展現清潔感。

維持清潔需要占用日常生活的時間，也許有人會對此感到不滿，但只要明白住居的潔淨能帶來多大的益處，就不會如此看輕它的價值。

無論你現今居住的是自宅或租賃的房子，住居的清潔度都與身心的健康息息相關。**整潔的環境使人心情愉悅，更想將這種感受擴展到其他的生活場域。有越多人重視整潔的益處，住居以外的環境就越有可能也變得同樣乾淨。**

清潔感，能為所有人帶來神清氣爽的好心情。

21 演繹色彩

日本人喜歡水墨畫，像是長谷川等伯的《松林圖屏風》這樣的作品。水墨畫雖然源自中國，卻能觸動日本人內心深處的纖細情懷，不但使人從墨色的濃淡中感覺到色彩，彷彿還能感覺到畫裡物體的質感、風的流動，甚至是空氣中的濕度與溫度，完全呈現了清貧中蘊含的豐饒。

另一方面，色彩鮮明的大和繪、繪卷、土佐派、狩野派、琳派、浮世繪和現今眾多派別的日本畫，都有著豐富的色彩。因此，日本的色彩絕對不只有水墨畫而已。

尾形光琳的畫作《燕子花圖屏風》中的藍是群青色，乍看之下與維梅爾的《戴珍珠耳環的少女》畫中頭巾的群青藍（Ultramarine Blue）似乎是同一種藍色，其實完全不同。兩者都是美麗的顏色，但比起顏料上的差異，最大的不同是作品氛圍與色彩組合所營造出的感性。

群青色的花、綠色的葉，再加上金箔——這三種顏色組成了美麗的燕子花叢，**在這個抽象的色彩世界裡，日本人甚至能看到隱藏其中的他種顏色。那是專屬於日本的空氣與濕度所帶來的鮮活感**。

葛飾北齋在《神奈川沖浪裏》中大膽的構圖，除了呈現動態的刺激，藍白色浪花形成的對比更是極為出色。那強悍而新穎的色彩表現，讓所有人為之著迷。

對我來說，藍色是最適合日本人的顏色，即使只是單純而少量的呈現，它的美麗與臨場感也絕不遜色。對於能在清貧中發現豐饒的日本人來說，這或許正是最相稱的色彩。

以黑與白為基礎，點綴自然氣息

黑與白基本上是適合所有人的經典色，但是**東方人的膚色偏黃，所以比起純白色，選擇略帶黃色調的白色，像是象牙色或珍珠白，會更為適合。**

服裝的色彩與款式必須相得益彰，不宜輕忽。即使是適合每個人的顏色，也會因為款式不同而影響得體與否，若是黑、白這兩種顏色，款式的重要性就更為突顯。

霧黑色（matte black）穿起來輕鬆又休閒，比白色更容易搭配，但要留意避免給人灰暗的感覺。毛線、針織、喀什米爾羊毛、純棉材質的黑色適合白天穿搭，再搭配其他別有個性的深色，更讓黑色增添魅力。

最美的晚禮服當然是黑色，絲絨、蕾絲、絲緞、真絲喬其紗等材質能將首飾的美麗襯托至極致。但比起只穿著單一的黑或白，不如大膽地將兩色互相搭配，造型將更顯纖細與時尚。

超級色彩（Hyper Colors）本身極為高調醒目，同時採用三種超色會比只用一種更有藝術感。無論是換穿連身洋裝，或試著搭配不同超色的外套及長褲，都需要優異的穿搭技巧才能駕馭，對東方人來說更是困難，堪稱是演繹色彩的最高境界。

除了黑與白，若還想搭配其他顏色，最適合東方人的還是自然色，例如淡綠、駝色、藍色或在各個季節綻放的花朵顏色。配合季節穿搭，最能展現自然優雅的風情，點綴一些季節色彩，可以讓簡單的黑與白更為鮮活。

一年四季，都需要屬於自然的色彩為服裝增色。

多彩的蔬果帶來溫柔的療效

蔬菜的顏色正是豐富的清貧色，多樣的配色往往使它們成為繪手紙[1]的主角。就算不是素食者，近來也有越來越多人開始關注並理解蔬菜的美味，甚至還出現了蔬菜品嚐師[2]（Vegetable Sommelier）這種職業。

蔬果的顏色是自然的色彩，無論哪一種顏色都能為身體帶來溫柔的療效。有不少人深信沒有肉類及魚類，料理就會欠缺營養與美味，蔬菜只是配角，攝取它們是為了降低吃肉的罪惡感。我們不僅欠蔬菜一個道歉，更需要改變與蔬菜相處的方式。

蔬菜的色彩之所以如此鮮明，是因為它們能給予人類很大的力量。全蔬菜的湯類不只美味，也是身體之所需，繽紛的色彩更能滿足食欲。

食物最主要的顏色有五色（紅、黃、綠、白、褐）以及黑色、紫色。有些料理會使用金色（金箔），這只是為了營造視覺的特殊效果，完全無關乎營養；真想搭配金色，可以選擇琥珀色的蜂蜜，這可是自然界的黃金，是蜜蜂製造出來的生命泉源。

欣賞蔬菜的色彩，像是要以此作畫、或把它們當成需要穿搭的服裝般，巧思呈現漂亮的配色，讓蔬菜料理更添美味。番茄搭配洋蔥、馬鈴薯搭配黃瓜與洋蔥、胡蘿蔔搭配花椰菜，就算只有蔬菜，一樣能組合出繽紛的美麗色彩。添上肉類、魚貝類沙拉或生魚片時，也要注意色彩的平衡。

註1　「繪手紙」是指在明信片上畫些水彩畫，然後寫上幾句生活所感寄給親友的「圖畫信」，描繪題材經常是蔬菜、水果、花草或節日風景，也是在銀髮族之中頗受喜愛的書畫創作形式。

註2　日本蔬菜品嚐師協會授與的專業認證，須具備廣博深入的蔬菜知識並了解最佳的食用與烹調方法。

不要忽略白色的豐富內涵

關於住居的色彩，有許多要向大自然學習的地方，自然的色彩遠遠勝過人工色彩，如何選擇最接近自然的配色是第一要件。

人人都希望身邊能環繞著喜愛的色彩，就像食物一樣，生活在自己喜歡的色彩中有益健康。色彩除了提供視覺上的享受，也能從皮膚被吸收。

住家最好以白色為基調，如何與其搭配是最重要的關鍵。全部使用白色系是最簡單的選擇，但如此一來，反而容易忽略白色的豐富內涵，以及其他顏色的重要性，亦即失去了使用其他色彩的創意。

即使想要追求白色所帶來的高貴感，也不要統一全用白色，更需搭配能襯托純白高

貴感的其他顏色。

住居需要配合場所、功能選擇不同的家具素材，褐色的木質家具能襯托白色，但需要思考份量與比例的問題。白色除了是主角，同時也是其他顏色的配角。

色彩很容易隨著歲月消褪，白色的缺點就是容易弄髒、泛黃，其他的顏色經過三年也會產生變化。因此選擇配色時，一開始就要考量色彩在時間中的變化，即便褪色也不會損及美感。

以庭院為例，春天的庭院與秋、冬不同，需要新的栽苗及扦插，以煥發全新的生機，住居也是一樣，色彩所帶來的質感也需要更替。

不要等到東西朽壞後才束之高閣，而是經常做好維護及更換。如同庭園造景需要花上十二年才能成景，住居也會在長久的維護與悠長的歲月裡，慢慢融入我們的氣質與風格。

22 以交疊組合展現層次

透過交疊組合，能夠創造不可思議的美感。

這種技法常見於眾人熟知的平安時代十二單[3]（五衣唐衣裳）、重色目（疊色組合），一般的和服雖然不如十二單繁複，但也十分講究疊色的配色之美。

色彩之所以稱為色彩，就是因為它並非由單一顏色形成，而是由相鄰的同色、相近的其他色層互相影響、渲染而成。**各式材質透過交疊組合，相輔相成得到加倍的效果，進而展現更令人激賞的美麗**。

這與其說是豪華，更像是透過簡潔的方式來表現豐富的色彩。在昔時的一般日本人眼中，十二單或許已經非常豪華絢爛，但比起西洋的華美富麗，仍是極為樸素、簡潔。

而在今日，多層次的穿搭技巧已經不只是衣服的單純堆疊，更是時尚設計上的一種應用手法。

應該有很多人都喜歡法式千層酥，就像這種層層堆疊的甜點，做菜時只要選擇適合的食材，並且注意彼此之間的搭配，就能將味道的層次提升數倍。

住居會因為空間的交疊產生層次變化，讓生活動線與室內景觀變得更為舒適宜人。而交疊的形式無需複雜，只要呈現簡約、洗練的感覺，就是成功的演出。

註3　日本公家女性傳統服飾中最正式的一種禮服，由五～十二件衣服組合而成，按照季節、穿著者的身分和參與場合，在顏色與花紋上有特定的繁複搭配。

多層次穿搭最重視平衡感

無論是現代的多層次穿搭或古典的十二單，服裝採用交疊組合手法的目的，都是為了保暖及展現時尚。

炎熱的夏天，覆蓋肌膚的衣物自然是以輕薄為宜。為了調節濕氣導致的悶熱感，必須注重衣物通風排汗的功能，但現代人又常待在冷氣房裡，因此需要花點工夫研究服裝的層次搭配。

如果是多層次的休閒T恤穿搭，更需要拿捏好色彩及份量的平衡。

寒冷冬季的多層次穿搭，首先要求的是保暖。最貼近皮膚的衣物要選擇天然材質（蠶絲或羊毛），外面再套上款式寬鬆、可以儲存熱氣的木棉或化纖材質的衣物。

應該套上幾層，完全視當天的氣候而定，並不是穿越多就越暖和，超過五層以上，保暖效果就沒有太大差異。四肢是保暖的重點，甚至還有一種養生法是穿上五層的襪子。大衣要蓋過臀部，防寒效果最為理想，長度依自己的身形比例決定，也可以選擇有腰帶的款式，束緊腰部能提高保暖度。

想穿短一點的裙子，下身可以搭配褲襪或內搭褲，比長褲更暖和。

近來裙子的多層次穿搭也很常見，從襯裙到各式短裙的層次交疊，無論是厚薄比例、色彩平衡到整體的層次感，都非常考驗穿搭的功力。

冬天的**多層次穿搭尤其要注重整體的平衡調配**，**像是上半身輕、下半身就重**，**或者上半身寬鬆、下半身貼合等**。

除了衣裝的多層次穿搭，也可以利用異材質搭配出別緻的感覺。交疊呈現不同材質的衣料，或纏繞半透明的蟬翼紗，可以製造有如粉彩或油畫的效果，搭配出藝術風格的訂製服質感。

疊煮蔬菜，美味也會加倍

料理的趣味之一，在於只靠著調味，即能將相同的食材烹調成完全不同的菜餚。不過，也有些食材的個性太過鮮明，就比較難以改變。例如香味強烈的春菊，無論做成日式涼拌、酥炸或磨成泥，味道都不會出現太多變化。

豆腐之類的食材，就很容易隨著調味或搭配的對象，呈現多元豐富的味道，所以才會有所謂的「全豆腐宴」。烤味噌豆腐、紅燒豆腐、油炸豆腐丸、涼拌豆腐、湯豆腐……每一種做法及調味，豆腐都能合宜地融入。

或許這就是白色食材的特質，像是白米、粉類或塊莖類（馬鈴薯等）也有同樣的傾向。白菜與豬肉搭配烹煮，也可望創造加倍鮮美的味道。

此外，將多種蔬菜一起燉煮，可以做為其他料理的配菜。**把不同的蔬菜切好疊放起來、灑上一點鹽，再用小火燉煮，等到飄出香味就能熄火，鹽會引出蔬菜的美味。**

由於沒有加水及油，這樣疊煮出來的蔬菜可以搭配任何料理，也比單煮一種蔬菜更為可口；不但花費時間短、做起來也輕鬆，能夠輕易做出各種變化。加上其中沒有太多調味，也可當成是一種做好事前處理的蔬菜保存方式。

交疊燉煮的基本順序是：從地面往上長的葉菜、水果類放在最下面，從地面往下長的根莖類則疊在上頭。每個家庭常備的洋蔥、胡蘿蔔、香菇、高麗菜及馬鈴薯等，採買回來時都可以先將一部分做好這樣的事前處理，不但節省冰箱生鮮冷藏庫的空間，也能增加食材在一週內被使用的效率。

衣．食．居

空間的交疊訴說出動人故事

住居所運用的交疊組合技巧，多半是為了創造層次，而窗戶就是其中的展演要角。西方建築通常會在厚重的石塊及磚瓦牆壁上開鑿窗戶，以利通風及採光；而日式建築的窗戶（間戶）在開放式的柱子間裝上窗扉，則是為了遮蔽視線。

當然，日式窗戶同樣具有通風、採光的功能，但主要還是因為日本的文化傳統特別在意外部街道往來的視線，十分排斥室內的景象被他人窺視。相對於此，西方建築的窗戶則是不介意展示室內的景致，反而歡迎他人觀賞（也因此，希區考克的電影《後窗》的故事情節才能合理地成立）。

先不提文化的差異，層次交疊的表現手法，可以讓視線遮蔽和光線控制更添迷人的魅力。日式拉窗及拉門就是透過和紙製造出恰好的亮度，堪稱是光線控制的最佳典範。

現代的窗簾及遮光簾就是日式拉窗的轉化，如果單一的遮光材質無法抵擋所有的光線強度，可以搭配多層材質，在細節上下工夫。把透明狀態轉變為半透明，就是「交疊組合」中的一項重要技巧。

不只是窗戶，挪移、錯開空間或出入口也是「交疊」的技巧，例如利用開放式設計形成錯覺，讓空間更顯開闊。此外，也可以利用交疊技巧創造視線焦點，將人們的注意力誘導至其他地方。

法國新印象派畫家喬治・秀拉（Georges-Pierre Seurat）的點描技法，即是利用鮮明的色彩重疊製造出光混色的效果，因此即使是點描，也能呈現生動的造型與光線，讓人對畫中的場景及氛圍感同身受。同樣地，空間的交疊也能訴說讓人心有所感的獨特故事。

光線從窗外照入後，不會僅僅停留在一處，而是會反射到地板、牆面及天花板，形成層層交疊的光影效果，最終組合成空間的整體色彩。

23

提振活力

要保持活力，就必須有充足的睡眠、營養的飲食以及適度的運動，同時不為困難所苦，盡早想出解決之道，將其拋諸腦後。不要過度想像、杞人憂天，而是懷抱著對幸福的憧憬。

充滿活力的人，會將活力感染給他人，也能從他人身上接收到活力而自我補給。如此一來，每個人都能朝氣蓬勃，過著美好健康的生活。

如果總是懂得欣賞他人的優點，就是充滿活力的象徵。若能時時表達「快樂」及「感謝」的心情，就會將活力散播出去。

響亮有力的聲音也代表著充沛的元氣。

情緒高昂時，人人都會開心大笑、高聲說話，若想開懷地聊天，就不要在咖啡館或餐廳等會影響他人的地方聚會，可以和知己好友約在家中見面，彼此歡聲暢談，真是人生一大樂事。

摻入一點亮彩，讓心更開朗

當我們健康又有活力的時候，就算裝扮得樸素平凡也無妨，但要是有點陷入低潮，就盡量不要選擇黯淡的色彩，以免更加憂鬱。只不過，情緒越是低落，就越容易選擇暗沉不起眼的顏色，這時要盡量提醒自己，有意識地在身上添加提振精神的色彩。就算只是戴上一件造型和色彩搶眼的飾品，也有助於轉換心情。

最能帶來活力的色彩，還是黃色、橘色及紅色等活潑的亮色系，除了吸引他人目光，也能讓自己不再隱身躲藏。如果所處的場合不宜做過於搶眼的裝扮，可以在襯衫、絲巾或手套等處點綴亮色，效果也很不錯。

以黑色為主，再搭配有質感的亮色，就能做出別具個性的穿搭。若想以灰色為基調，搭配些許粉紅色會讓沉悶的自己變得開朗。

如果平常習慣穿著白、黑、灰或駝色等簡約有質感的顏色，衣櫥裡的服裝色調也是如此，建議可以細心選購幾件色彩亮麗的飾品和配件，即使不常用到，在關鍵時刻一定會發揮作用。

此外，人類感知色彩的方式，除了透過視覺，就是肌膚。

白色讓女性顯得健康。

粉紅色使肌膚充滿生命力。

淡紫色則可望為全身心帶來自我療癒力的能量。

想透過色彩及造型來提振活力，就要時時注意儀容，並努力去理解，什麼樣的裝扮會展現出哪一種面貌的自己。

不管你是否在意穿著打扮，這都是自己展現在他人眼前的形象；無論你贊不贊同，人們都是先以穿著來判斷或評價他人。

當季蔬果是活力的泉源

享用自己喜歡的料理，是提振活力的最佳途徑。美味的食物能帶來充沛的元氣。早晨不管再怎麼忙碌，至少也要喝一杯加入黃豆粉或香蕉的蔬果汁。當季蔬菜是活力的泉源，冬季蔬菜可以溫暖身體，夏季蔬菜則能幫身體降溫。鰻魚及肉類也能補充滿滿的元氣，但這裡還是優先介紹為我們帶來活力的蔬果食材。

・生薑及青蔥不只是辛香料，更能積極地加進各種料理。

冬天可以將生薑汁加入紅茶，夏天則自製薑汁汽水（將薑泥100克、水100cc及砂糖100克一起熬煮，再放進肉桂棒、丁香、荳蔻及唐辛子，過濾後加入檸檬汁。放涼之後即可加入碳酸水或氣泡礦泉水）。

青蔥切成10公分長，再用高湯煮過，是很方便的配菜。若是切成3～5公分長，用橄欖油或芝麻油炒過擺在盤裡，再盛上薑汁燒肉，讓燒肉的醬汁浸透底下的蔥段，就成了無上的美味。

- 紅色蔬菜光是外表就充滿活力，胡蘿蔔、番茄、紅椒等在夏天能煮成美味的冷湯，冬天則適合燉煮，是四季皆宜的必備食材。
- 可可也是家中必須常備的活力要素，用豆渣及可可能輕鬆做出好吃的點心（將豆渣150克、可可30克、砂糖50克及蛋2顆混合，用微波爐加熱7分鐘）。如果覺得麻煩，也可以在睡前喝一杯熱可可。
- 胡蘿蔔在切絲曬乾後用火去除水氣，之後加入熱水攪拌，就能煮成胡蘿蔔茶，做為代替紅茶的飲品，乾燥後被暫時破壞的細胞會慢慢釋出營養素。

早上吃水果、中午吃生菜沙拉、夜晚吃溫野菜，是攝取蔬果最有效率的方式。感覺快要失去活力時，趕快喝碗蔬菜湯補充精力，或是享用最愛的料理、攝取身體想吃的食物，就能恢復元氣。全芝麻或全豆類製成的食品，富含生命力所需的各種元素，堪稱是救命食材。也別忘了還有黏性食物，秋葵、山藥、納豆都是防癌尖兵。

健康的環境會讓人想時時走動

風水學經常建議「要在某個方位置入提振活力的顏色」，但要是太過在意這些，可能會讓住居的色彩搭配變得混亂無章，最好不要仰賴這種本身難以掌控的規則。

充滿活力的住居，最重要的就是宜人的舒適感。對色彩喜好鮮明的人來說，喜歡的顏色就是自己的幸運色，人看到喜歡的顏色時會產生安全感，碰上討厭的顏色則會焦躁不安。

窗外透進的嫩綠新葉及清晨的婉轉鳥鳴，無論在視覺上和聽覺上都能賦予人們豐沛的活力。房間裡擺飾的鮮嫩花朵、或是鍾愛的畫作，也一樣能振奮我們的心神。

另一個為住居增添活力的設計要素，就是能使人自然地鍛鍊身體，在某種程度上讓身體被迫要經常活動。

當然，這完全是針對健康的成人而論，如果家中有高齡者，就要根據個別差異考量調整，但是要打造能活動身體的住居，這個原則始終不變。

這也就是說，**真正舒適宜人的住居環境，並不是讓人一坐下來就不想動，而是會使人想時時走動、充滿活力，同時要常保整潔，讓空氣清新流通。**

此外，在住居裡放置「美麗的東西」也很有效果，能使人身心愉快，感受到豐盈飽滿的元氣。

24

輕時尚・微格調・小清新

最適合今後時代的字詞，就是「輕・微・小」。

「輕時尚」，是追求流行，但不到引人注目的程度。

「微格調」，是低調但深具風格，簡約俐落中又帶有鮮明魅力及不容忽視的存在感，造型也顯得微小輕巧。

「小清新」，是潔淨純粹卻不枯燥無味，與豪華完全背道而馳的另一種清爽之美。

不競爭奢華度、也不比較機能，更不需要積極追求時尚或講究特定品味，維持在不高也不低的平衡狀態……這就是「輕時尚・微格調・小清新」的世界。

在這樣的世界裡，最注重內在生活的安定。只要內在豐足，就無需向外索求；因為沒有不滿或不安，也不必到處尋找「物質」來填補空虛的心靈。

內心的不安定，大多是源自於渴望得到與自我能力及身分並不相稱的物質與待遇。如果內心足夠安穩，只需要一點點悅己宜人的裝扮，以及無損感性的優質生活，就已十分充實。

雖說是「輕・微・小」，若未去除多餘的物質，就會變成單純只是外形上的「小」而已。越是追求「輕・微・小」，越需要注重本質、講究純粹。既然是「輕・微・小」，就要比不是「輕・微・小」的事物散發出更多的魅力。

掌握比例，再營造一些意外感

衣裝最基本的要求是「乾淨清爽」，除了不能有污漬、還要整齊清潔。想要多表現女性的柔美，可以用荷葉邊或蕾絲裝飾；希望呈現清爽感，就必須經常熨燙。當然，更簡單的方法就是選擇款式洗練俐落的服裝。

樣式簡潔的經典款素色無袖洋裝雖然不易出錯，時尚感及風格度卻差了一點，所以需要加入一些意外感，展現有點破格但又在安全範圍之內的特別性。例如，柔軟材質的斗篷式外套搭配難度很高，但若花些巧思，就能內斂地展現個人氣質。材質有張力的份量感單品使身形更顯輕盈，如果穿搭得俐落洗練，則可適度流露時尚氣息。

棉麻材質在夏天穿著很舒適，天然的皺褶也能隱約形成某種穿衣風格，但如果整件衣服都變得皺巴巴，就談不上清爽。這時可以稍微上漿，讓衣服維持較長久的平整，或是靠著自己的體態及活力，來去除皺褶造成的邋遢感。

日本傳統祭典服飾「法被」[4]的長度和分量感，可說是最適合日本人體型，顯得俐落清爽的穿搭比例，但要如何將它應用在日常的時尚，則需要更柔軟的思考與創意。首先，要掌握住基本的比例。如果上身比重較大，下身就要選擇貼身或短版的款式；下身若呈現擴散的效果，上身則要收緊。特別是上、下身的顏色如果不同，造型的平衡度好壞更是顯而易見，需要仔細估量搭配。

即使服裝款式簡約內斂，只要保有自信，就能穿出時尚的感覺。在現今這個時代，何種季節或場合應該選用哪些材質及款式，已不像過去有著嚴謹的規則與禮節，歐美名媛甚至還以長靴搭配晚禮服。**無論何種穿搭，只要正確傳達想要表現的風格，展現堅定的意念與自信，都能穿出自己的味道。**

註4　一種傳統和服，是類似外套、不綁帶的上衣，長度約蓋過腰臀，以往多為技師、藝匠的工作服，現在則常見於廟會或節慶活動等做為工作人員的服裝。

簡單隨意的季節小菜也很有格調

所謂的「微格調料理」，就是調理簡單快速，卻出乎意料地美味；或是明明花了很長時間製作，卻像是信手拈來、輕描淡寫的料理。

微格調料理最重視季節感，這是日式料理的一種基本表現。**自然界的變化會對身體造成影響，為了適應四季更迭、保持健康狀態，運用當季食材是必須謹記的要點。**

春季可以炊一鍋豌豆飯，純白與嫩綠的色彩帶來初春的氣息；小菜則搭配水煮嫩筍、油菜花天婦羅。

春夏交接之際，適合吃點馬鈴薯沙拉。

夏季的良伴是小黃瓜三明治，將小黃瓜去芯切成薄片，加上鹽巴脫水，再放到抹好牛油的土司上，鋪滿厚厚一層就大功告成。

身體在炎熱的夏季會渴求酸味，也可以將小黃瓜與鰻魚一起做成醋黃瓜鰻魚，成為別具風格的時尚小菜。

秋季是蕈類的季節，肥厚的香菇經過蒸煮及燒烤之後，美味完全不遜於松茸，蕈類燉飯更是好吃又易做（將白米直接以橄欖油煸炒，加入高湯煮至適當的軟度，再放入炒過的蕈類，最後灑上帕瑪森起司即可）。

冬季的美味則是蘿蔔餅（最簡單的製作方法是將蘿蔔磨成泥加入糯米粉，揉成團後壓平，直接用烤箱烤熟，最後搭配辣椒醬油食用）。

將蘋果切成薄片塗上橄欖油蒸烤，就成了香甜可口的點心（若搭配起司，還能利用蘋果加強鈣質的吸收）。

就像這樣，不必大費周章，也能以簡單的方式充分發揮食材的美味，做出隨意又有格調的小品料理。

恰如其分的存在感增添空間魅力

清新的住居環境，需要勤加整頓，保持一塵不染。

擺放的家具需要視空間選擇適合的尺寸，若以方便活動的考量來看，則要維持在不會過度空曠或狹窄，也不至於彆扭侷促或無所適從，帶些輕時尚及微格調感覺的寬敞程度。太過空曠會讓人覺得無法安定下來，太過狹窄則有難以立足的感受，兩者都不恰當。

像樣品屋那樣在寬闊的客廳裡擺進大大的沙發，待起來也不見得舒適。只有當住居空間與家具擺設維持恰如其分的距離與密度，才能讓空間發揮最大的魅力，營造舒適的感受。

舉例來說，有時只是擺設一個花瓶，就能讓壁龕的空間變得圓滿。**物品對空間的影**

響不在於大小，而是其中蘊含的力量，也就是所謂的存在感。即使是微小的物件，只要蘊含著豐沛的力量，就會需要相當的空間來展現。相對地，大型物件也有可能超越本身的存在感，而與空間融為一體。

在現今的都市裡，百坪以上的土地常會劃分成數個區域蓋成新式建築，就每戶坪數來看的確十分狹窄，但要是外觀設計簡約俐落，其實會比昔日的百坪老屋更為賞心悅目；住居內的裝潢設計若維持洗練清新，就能展現有格調的時尚生活感。

如果在住居的外觀添加太多元素，反而會使建築物更顯狹小。外觀簡潔俐落、內部充盈豐實，才能打造心目中時尚、清新、有格調的理想住居。這樣的原則也適用於個人。

無論有沒有庭院，若能夠妝點一些生氣盎然的綠意，會使清爽的住居外觀更為風格獨具。在住居裡側的庭園造景（中庭或小花園）種些常綠木或落葉樹，也能為室內空間營造一些時尚氣息。

25 重視禮節

一般來說，禮儀可分為日常性的禮貌，以及平時不太需要深究的國際禮儀等禮節。特殊禮儀可以在必要時尋求專業人士的協助，不用刻意費心去學習。

我們的首要之務，應該是訓練自己由內而外自然地展現尊重他人的禮貌，這是促進人與人在日常生活中交流的重要潤滑劑，也是身體與心靈最應具備的教養。

婚喪喜慶或餐桌禮儀等特定場合所需的應對常識，在書本或網路上都可查閱，隨著經驗累積自然就能學會，即使沒有太多機會實際體驗，也能在家庭或職場自主練習。比起形式上的禮儀，更重要的是發自內心流露對他人的尊重與體貼，並展現優雅合宜的言行舉止。

有時候現場狀況可能比較複雜，分不清應該以誰為優先、或是有著文化上的差異，以致於無法通用一般的禮儀常識。這時只要言行舉止優雅自持，就算稍微失禮也不容易被察覺。我們也可以發揮想像力思考對方所預期的行為，或是盡量配合現場做出需要的回應（至少不要做出令對方不悅的舉動），大致上就算得體。

心靈的教養來自於豐富的想像力，想像力同時也是尊重與體貼的原點。只要提升想像的能力，就算面對不同的文化差異、或是初次經歷的情境，也能很快加以適應，無入而不自得。

得體的穿著，是對他人的尊重

在外保持美麗得體的裝扮，是對他人的禮儀。

達到各種場合的著裝要求只是基本條件，更重要的是維持自身良好的體態，或運用優雅的姿勢動作轉移身材的弱點。這與其說是為了展現自己，更像是對他人或周遭環境的設想。

對於初次列席的場合，有時難免會不確定該如何選擇得體的穿著。雖然邀請函上都會註明最基本的著裝要求，如果還是覺得不安，可以直接詢問主辦者、或是其他出席的賓客。

為什麼得體的穿著也算是一種禮儀？因為出席賓客及聚會現場展現的華美景象，必須仰賴所有受邀者的理解才能創造出來，因此每個人都要穿上得體的服裝，展現美麗的模樣。這也就是說，在宴會中所穿的服裝不僅僅是展現自我，也要能為現場增色。

雖然美人不需要刻意裝扮也同樣美麗，但人會因裝扮變得更美，身上的穿著也會使舉止儀態更為優雅。真正注重禮儀的人，連自己的背影都不會忽視，除了展現美麗儀態，更會仔細關注身後人們的動靜，以便能自在地穿梭於人群。即使身處非特定群眾的聚集場所，像是展覽會或音樂會，也一樣要注意這些禮儀。

街角的咖啡館之所以顯得時尚，是因為有裝扮時尚的人們聚集於此，以風格化的形象舉止啜飲著咖啡或紅茶。巴黎的街景之所以美好，也是因為有美好的人們展現優雅的儀態，穿梭在別具風情的建築物之間。街頭的景致，會因為往來交織的美好行人更為賞心悅目。

無論是正式外出、或只是在住家附近散步，都要留意基本的禮儀與時尚感，這不只是為了自己，更是為了替所處的空間增添一份美好。

賓主雙方，都要懂得體貼的設想

許多人很在意用餐時的禮儀，主要是害怕自己在宴會場合中出醜失態，但**身為賓客真正要具備的禮儀，其實應該是不為別人招致麻煩的觀念**。

此外，為了讓不論是否熟悉用餐禮儀的賓客都能感到自在，招待者更是必須付出加倍的心力。例如，擺盤精緻的餐點雖能展現主人的用心，但如何讓餐點在裝飾美麗之餘也容易取用、大小適口，使賓客皆能安心適切地享用，就要仰賴主人的功力了。

Buffet的自助餐形式看似比正式坐在餐桌前用餐來得輕鬆，實際上卻更不好掌控，不僅要避免拿取過多的餐點反而剩下，還要注意別弄髒衣服，有更多需要擔心的問題。除了家庭聚餐之外，如果是大型會場或人數眾多的聚會，還是利用交談的空檔取用少量餐點，讓自己不覺得餓就好。

一般來說，大部分宴會還是以賓客自取的 buffet 形式為主流，但是近來，由服務生以托盤端送酒水飲料和餐點給客人自由取用的雞尾酒會形式，也漸受青睞。在這種酒會中，餐點也是以適口的精緻份量供應，賓客則只要拿著酒杯，雖然需要更多服務的人手，卻能讓賓客不受細節干擾，專心與其他賓客交流，也能讓與會者的舉止儀態更顯優雅。

當然，如果 buffet 宴會另外安排有用餐的座位，也能讓人自在地品嚐美食。

愛護珍惜，是對物品應有的禮貌

到別人家中拜訪或在自家招待客人，表現用心與禮貌是必要之舉，即使只是日常生活中的交際往來，也應如此。

禮貌地對待陌生人，是保護自己的必要方法；而家人之間表現的禮貌，是對彼此的體貼。此外，懂得愛護珍惜，也是對物品應有的禮貌。

孩子在沙發上跳來跳去，對他們來說或許有趣，對沙發而言卻是很失禮的事。

家裡的真皮餐椅表面傷痕纍纍，則是因為主人們經常穿著牛仔褲而造成的磨損。

或許有人會覺得既是自己家，當然越自在越好，何必要過度小心翼翼，但這樣不在乎的態度也可能影響自己在外的行為。如果我們在日常中對人、對物都抱持應有的珍惜與尊重，在外自然而然也會注重本身的禮節。

懂得尊重物品，就代表有能力讓住居常保整潔美好。越是忙得沒有時間打理自己及住居，就越要努力做到這一點。

一回來看見的家若是整潔美好，整天積累的疲勞都會煙消雲散。只要真心體貼家人，就一定能維持住居的整潔美好；如果房間髒亂不堪，就代表自己也處在混亂糟糕的狀態。

妥善打理個人房間，是對自己的體貼；用心照顧整個住居，是對家人的體貼。

整潔美好的住家可以陶養居住者的感性，更能提升個人的禮貌與教養。這種氣質及品德會由內而外自然散發，對我們造成終生的影響。

這樣的教養不只是孩子需要學習，無論幾歲都可以重新培養。比起去參加禮儀教室，這種方式更能快速習得充滿氣質與魅力的行止教養。

26 待客之樂

無論職場或家庭，都是起始於人，因為人的存在而成形。所以，與他人之間的連結非常重要。人即使貧窮也還能生存，但若欠缺與他人的連結，就很難活在這個世上。平常若只是全心全意想過好自己的生活，可能未曾想過自己會不再被他人需要——當然，也或許是不敢想像。為避免這樣的狀況，平常就要善加珍惜身邊已有的連結。

招待客人是建立連結最快的方式，此時不該抱著想從中謀利的心態，只要單純地思考如何讓客人開心。能讓大家盡興，就是一件幸福的事。

一邊享用美食一邊開懷暢談，可說是人生至樂，藉由美食與對話，能讓所有人都享有一段愉悅的優質時光。

拙於言談的人，可以認真地好好練習。擅長說話的日本人多半都喜歡落語（單口相聲）；在英國，人們會自動自發地在用餐時展開幽默機智的對話，連書店都設有專區，放置可在餐桌上分享的幽默笑話集。首先，就從能在醫生面前正確地描述身體狀況，以及購物時能與店內人員愉快聊天開始練習吧！

招待客人的地點雖然可以選在餐廳，但與同事、親友在外聚餐聯絡感情的方式已經太過尋常，若想加深彼此的私交，最好還是在自宅設宴款待。邀請雙方的家人參與，在準備、執行的過程中，也能加深家庭之間的情誼。

接到他人的邀請時，要滿懷喜悅及感謝，之後當然也要回邀對方。想讓人有賓至如歸的感受，重點絕不是寬敞的客廳或料理的手藝，而是樂於待客、想要建立連結的積極態度。

合宜的裝扮，讓聚會更盡興

許多人會認為，享受美食與對話應該與服裝沒有太多關係，但相處的對象若是賞心悅目，餐點也會連帶變得更加美味。**彼此的服裝正式度相差太大，可能會造成一方過於緊張、一方過於放鬆，很難維持自在的氣氛**。因此受邀赴會時要努力配合對方做出合宜的裝扮，才能保持良好和諧的關係。

如果受邀的場合不是餐廳，而是其他正式的會場，最好能配合那裡的裝潢設計、氛圍格調來搭配服裝。若是相熟友人的自宅，主人和客人多半會穿得輕便些，但即使不是正式聚會，基於對主人款待的敬意，還是可以稍做打扮再前往。負責招待的主人這一方，則要注意別被準備餐點等雜事干擾，因而無暇換裝。

輕鬆一點的私人聚餐，比起精緻端莊的禮服，簡單又有品味的裝束更為適合。主人可以選擇質料較好的衣物，展現對賓客的歡迎，再配合今日的盛會點綴有季節感的胸針或絲巾。賓客中若有初次見面的女性，這項特別的配件絕對能開啟時尚話題，胸花或胸針則要別在比左胸略高的位置。餐點差不多準備就緒時，就要趕緊換裝，居家又不失時尚感的裝扮，會為賓客帶來安心感。

到他人家中做客時，通常會在玄關處脫鞋，要記得做好鞋子的清潔保養，以免脫鞋時尷尬失態，也要避免穿著褲腳蓋過高跟鞋或裙襬太長的服裝，脫下鞋子後才不會行動不便。

如果是應邀到高級餐廳用餐或參加正式晚宴，衣裝的重點多半集中在上半身，記得要搭配得體高雅的晚宴外套及飾品，為現場增添一抹華麗喧騰的色彩。在現今這個時代，無論男性或女性，都需要一件可以對應任何場合的百搭款晚宴外套。

再高級的大餐，也不如誠意滿滿的拿手菜

平時為了健康而力行簡單、清淡飲食的人，一旦需要招待客人，應該也還是想準備豐盛的餐點。然而，帶著誠心及感情所準備的拿手菜，才是待客成功的秘訣。

為了待客而挑戰不熟悉的高級料理雖然也是一種心意，但也因為生疏，很容易動輒慌張而導致失敗，或是中途發現缺少某樣材料而焦躁不安，遭遇諸多難以預期的問題與狀況。

擔心從前招待過的客人會對相同的菜色感到不滿，其實是杞人憂天，餐點若足夠可口，客人反而會回味無窮，因此滿心期待。所以，不需要帶著歉意解釋「又是相同的菜色」，改變一下盛盤的方式，就可以挺起胸膛自信地端出料理。

即使平常做的大多是孩子喜歡的家庭料理，只要在香料種類、辛辣程度上做些調整，即可變成大人也愛好的口味。

一**邊想像著客人喜悅品嚐的臉龐、一邊誠心製作的料理，對客人來說就是無上的美味**，不需要跟經驗豐富、技巧純熟、經常使用高級食材的專業廚師比較。食材等級與料理技術若無法匹配，也做不出好菜，就像初學者無法駕馭名貴的樂器，我們也不必勉強自己採用陌生的高級食材。

最聰明的方式，是平衡地搭配費時的料理和現場能立即備妥的餐點。費時的料理可以事先做好，以免時間到了女主人還穿著圍裙在廚房裡忙碌張羅。冷盤可以採用家裡的常備菜，當客人嚐到平時常見的菜色可以如此美味，勢必會對製作方法、私藏秘方深感興趣，想要詢問清楚而在家自行嘗試，這樣一來，也能為聚會增添話題。

自助餐形式的 buffet 由於料理全都盛放在桌上，就要特別注意擺放的方式，以免客人弄錯用餐的順序。餐點的口味可以多些變化，但不需要特別做出主食或冷盤的區別。另外，客人當中如有過敏體質者，一定要事先詢問對方，確認準備餐點時的注意事項。

留意接待細節，才能做到賓至如歸

「家裡很狹小」並不能成為不想招待客人的理由，只要懂得利用空間，就能解決餐桌及餐點擺放的問題。

最適合狹小空間的是圓桌，無論人數多寡都能彈性應對，也不需要煩惱主客的座位安排。如果是方桌，在擺放時就得注意角度，不能歪斜，而圓桌就算有些小小的偏移也無妨。圓的發音近似「宴」及「緣」，可說是最適合享用美食及交流感情的桌型。

如果是自助餐形式的buffet，桌面一定要有豐盛華美的感覺，主人要盡力展現自己對生活藝術的品味。除了餐點要盡量做成適口大小，屋內的擺設也是重要的關鍵。把原本擺放在中央的沙發或椅子移到牆邊，可能會擋路的東西挪至別處，讓賓客自由走動，不拘年齡職業，愉快地與每個人開心暢談，聊到興起時抬眼一看，前方就是清新自然的鮮花。

除了客廳及餐廳之外，玄關處也能做些不同的變化來迎接客人，像是更換裝飾或畫作，或是插上花束。

當家中有兩個以上的洗手間，可以讓女客及男客分開使用；如果只有一間，就要以女客為優先。如果來客眾多，要特別注意隨時保持洗手間的整潔，使賓客自始至終都能心情愉悅。客人若能自覺地為了後續使用者保持整潔當然最好，但是受邀前來的客人本就無需為了清掃而煩惱，這是身為主人的職責。

隨著季節變異，可能要安排掛放大衣的區域；若是下雨天，則需要放置雨傘的地方並準備好毛巾。招待客人時，注意力通常都會放在裝飾或餐點上，很容易忽視這些小細節，但就是照顧好這些細節，才更能做到賓至如歸。**可以試著轉換角度，把自己當成初次登門拜訪的客人，仔細觀察是否忽略了哪些需要注意的地方。**

27 享受工作

工作與快樂是對立的，如果可以不工作只開心過生活，才是真的幸福；要是不必工作，人生會更快活；工作是為了賺錢，快樂是在工作之外做自己喜歡的事——這是無法享受工作的人所抱持的思想。

而能夠享受工作、從中找到愉悅及趣味的人，會對工作投入更多熱情，並因此發現人生的喜樂。

為什麼工作是很棒的事？因為它能幫助別人、給人帶來快樂，實現自己的價值。當人可以實現自己的價值，內心自然充實。

就算只是一瞬間，能夠集中精神專注於一件事，也會為內心帶來正面的效益。即便之後感覺疲累，也是一種舒暢的疲累，只要稍事休息，就能再次投入心力。

無論是工作或玩樂，都會讓人感覺疲憊，並非只有工作才是如此。事實上，玩樂之後的疲憊感反而更難消除，只因為我們是把力氣用來玩樂，所以才不敢說自己需要休息罷了。

能夠完成許多工作的人，也是相當擅長自我轉換的人，他們可以藉由不同的工作，消除先前的工作所造成的疲憊感。腦中二十四小時滿滿都是工作的人，其實是不知疲累的，他們的內心裡除了想要達成的目標，完全沒有煩惱及迷惘的餘地。

以優雅合身表現職場俐落感

現今這個時代，已經沒有某個行業一定要穿某種服裝的硬性規定，只要工作時不妨礙行動，原則上都很自由，每個人可以依據自己的個性與狀況選擇喜歡的穿著。

以辦公室為主要職場的白領階級，所謂的工作服應該就是套裝。套裝適用於所有場合，無論是拜訪客戶或開會，都是商務人士的基本裝束，所以新鮮人在就業面試時也會穿著套裝。

套裝的選擇重點在於衣領、襯衫長度以及褲、裙襬長度，一定要選擇符合自己體型、展現優雅合身美感的款式。

至於材質，冬天可以選擇毛料、喀什米爾羊毛（視年齡及職位而定）；春、秋可搭配較薄的毛料或混紡絲（年輕人可選擇較平價的新材質或合成纖維，搭配得當一樣很有魅力）、蠶絲；夏天可以選擇麻料、純棉或絲麻混紡的布料。

量身訂製的歐風套裝，比較適合臉型近似西方人、輪廓較深者，仔細選擇有經驗與信譽的店家，由他們根據體型、情境需求來考量，一定能找到最適合的材質與款式。

最容易搭配的領型是無領，款式也有很多，例如圓臉的人就比較適合立領。身高不滿一百六十公分的人，須留意上衣下襬不宜太長，肩寬也不能太寬，才能營造修飾身材的美感。

裙子長度可以稍微蓋住膝蓋或選擇及膝裙，每個人適合的長度不同，基本重點是不能太長。至於花色，則是以適合自己、頂多帶有織紋的素色最好搭配。

大衣外套則不妨多些變化，選擇有趣的材質或大膽的花色，在工作以外的場合穿著就會顯得休閒又時尚。只要款式都適合自己，也可以將套裝的上下半身拆開來混搭，在私人餘暇時享受另一種裝扮樂趣。

和工作一樣，把家庭料理系統化

雖然只是製作日常飲食，家庭料理其實非常需要創造力。這裡的創造力不是指如何以最少的預算烹煮一日三餐，而是提供均衡的營養以維持健康。我們都需要營養的食物、適切的運動及充足的睡眠來滋養身體、守護生命。

一旦生病，受到損失傷害的不只是自己，還包括身邊的人。因此平常盡量不要外食，最好自己做菜，才能在第一時間掌握自己及家人的身體狀況，也能在發生問題前及早察覺、做好預防。即使不擅長或不喜歡料理，也要盡量嘗試，畢竟這是關乎性命的重要事項，多付出些努力也不為過。

既然製作家庭料理是家中每一分子都應該分擔的日常工作，若以一般工作的角度來思考，嚴格來說可以分為兩類：一、療癒類料理或特別料理；二、常備菜。而之前已經再三強調，家中常備菜的製作非常重要。

就像公司的工作可以系統化及常規化，製作常備菜時，也可以用同樣的概念和原則來預先處理食材、或是建立烹調的標準流程。

定時購買食材，事先處理肉類、魚類及蔬菜，在此同時，也要做好常備菜儲存起來。白蘿蔔切掉莖葉可以保存更久，切下來的莖葉則能在汆燙過後跟柴魚、魩仔魚、薑絲拌炒，用醬油調味。蕪菁的葉子也是一樣，只要用熱水汆燙過後冷凍起來，需要時就可立刻使用。經過這樣處理的葉菜，很適合拿來做美味的菜飯。

透過事前的處理及初步調理，可以節省每天的料理時間。預先做好準備，就不會製造廚餘或浪費食材。許多人在職場上很有效率，料理上卻經常一時興起就亂買食材、隨便做菜，也疏於做好事前處理和隨時可用的常備菜。那麼，我們何不把家庭料理也當成是生活中必要的工作來處理？

只要將做菜這件事配合食材的屬性加以系統化、常規化，跟工作一樣講求效率與方法，就能處理得更俐落，也不會浪費時間。

變身設計師，讓家成為藝術展場

打理住居其實很有樂趣，前提是不要把清潔掃除當成麻煩的雜事，而是視為技術性的工作。實際上，清潔掃除中包含更多的是維護工作。

所謂的維護，就是整理及保養。地板不是只掃掉灰塵就好，還要擦得閃閃發亮。要把骯髒的地板清理到閃閃發亮著實費工，但之後的維持並沒有想像中那麼麻煩。

就算家裡已經髒亂到需要來場大掃除，一旦開始著手，就會越掃越有動力。總之，先努力把家裡整理到閃閃發亮的程度吧！只要完成一次，就會愛上那種乾淨整潔的感覺，再也回不到髒亂的過去。

接著是整理收納。家中絕對嚴禁堆積物品，一有堆積的跡象出現，就要馬上清除處理。東西只要排放整齊，全部外露也不顯雜亂。

然後是住居的裝飾。要擺放什麼家飾，是否要配合季節或節日轉換……就算只是一間小公寓或單身套房，也要用心做出有品味的裝飾，讓住家充滿藝術感。

多接觸美好的藝術，可以豐富我們的內心世界，而且不一定非要到美術館或特別的場合。日常生活中，住居就是接觸藝術的重要媒介，這也是我們必須珍惜住居環境的理由之一。

傳統的日式住宅通常會在壁龕裝飾季節性的畫軸或插花，讓傳統藝術成為生活中的文化習俗。如今受西化影響，固有習俗消失了，人們也對文化的發展方向感到迷惘。過節等儀典雖然留存下來，卻已成為特別的形式，不再是日常的一部分。

因此，建議大家要培養藝術感，**用心地裝飾住居，就像自己是受委託的空間設計師，這個家是你所接下的案子。既然是工作，就要敬業、專業地完成它，督促自己認真對待。**而用心地裝飾住居，並非只是隨處擺放裝飾品，而是要根據藝術及設計的概念，認真地構思規劃。對居住者來說，把家裡變成藝術展場，或許會是一份樂趣十足的工作。

28 順應人生的階段

年齡的增長、家族構成的改變，人跟人之間雖然有年代的差別，但都會經歷人生階段的變化。

從年齡的變化來看，每個人一生要歷經幼兒期、兒童期、求學期、青年期、壯年期及老年期。以中國的五行而言，就是青春、朱夏、白秋、玄冬。青春是自我學習的時期，朱夏是安身立業的時期，白秋是為他人傳道解惑的時期，玄冬則是自由自在但又不偏離正道。

從家族構成的變化來看，新婚＝全新生活的開始，育兒＝以孩子為中心的重要時期，教育成長＝共同成長的時期，孩子獨立＝從家庭中解放，老夫老妻＝再次開啟新生活。

人生最有趣的就是，無論事前計畫得再縝密，結果的好壞永遠都未必如自己所預期。即便如此，我們還是必須有意識地去理解自己人生階段的變化。現今的生活型態不可能永遠都不改變，也不可能永遠適合自己及家人。

為了讓此刻過得更加美好，必須確認當下這個階段自己需要的是什麼，如此一來就能發現生活中有哪些無謂和多餘。**就像孩子獨立離家後遺留下來的房間，我們也要學會捨棄過去才需要的一切。日常生活的膨脹與縮減，都要時時在自己的掌握之中。**

既然會出現變化，就代表相同的狀況已經無法再持續。不被過去緊緊綑綁，不為未來過度擔憂，只是全力做著現在該做的事，讓自己穩實地邁向毫無負累的下一個階段。

享受現在，或是儲備未來？

以套裝為主要工作服的白領階級，隨著工作的時間越久，套裝的數量也會增多，等到退休時，家裡就會堆滿用不到的衣物。有些人事先預想到這一點，一開始就把上班的套裝當成制服，盡量用最少限度的衣服去互相搭配；有些人則認為人生大半時間都在工作，為了讓「當下」更加充實，對於套裝的時尚感反而更加講究。

要如何度過各自的人生階段，每個人的想法都不盡相同。但無論如何，都要有意識地去把握每個階段，取得自我滿足與實現，並且盡量減少浪費的機會。

如果從「不浪費的人生」這個角度來看，將工作的服裝當成制服或許是正確的態度。但不同的工作在服裝上各有需求，某些重要場合則必須仰賴服裝來展現自我；有些時候，扮演妻子或母親等不同的角色時，也會需要在特定情境中穿著符合當時身分的服裝。

不過，既然打從一開始，我們就知道這些服裝在人生階段轉變後會失去用處，等它們必須退下舞台時，不妨試著運用搭配的技巧，讓這些衣服得以繼續在下一個階段活躍，或是經由改造而重生，無論如何都不要丟棄或封藏。

如果是家居服，可以轉讓給不同的家人。現今的服裝已經沒有太大的男女差別，只要尺寸合適，都可以互相換穿。

如果衣服還能穿，不要第一個念頭就想丟棄，可以送給朋友或是捐作二手衣，為了保護地球資源盡量減少浪費。此外，**會因為人生階段轉變而失去用處的服裝，以及只有特定時期才需要的衣服，利用租借或購買二手衣來因應，也是不錯的方法。**

不過，如果你是一個喜歡收集衣服的人，這些方法大概都不適用吧！

烹飪是持續一生的家庭任務

若想為剛組成的小家庭做出專屬的私房料理，首先要針對夫妻彼此的味覺取向、對於食物的好惡，以及體質與健康狀況，收集完整的資訊。在這個時期，比起味道的調整，食材的料理技巧更為重要。畢竟味道鹹淡還能靠調味料補救，要是吃下燒焦或沒煮熟的食物，可會危害身體健康。

有了孩子之後，家庭料理的調味與菜色會逐漸以孩子為優先考量。孩子的味覺比大人敏感許多，很多時候就算把孩子討厭的食物切碎混在料理中，還是會被他們挑出來。但如果做得夠好吃，孩子還是會很開心地享用，因為他們不是挑食，而是只挑美味的食物吃。

當孩子進入成長期，最棒的事就是食物都會被吃完，基本上不會剩下。這時該注意的不只是份量，還要維持食材的多樣化，隨著身體的成長，孩子的味覺也會成長。

建立家庭之後，每天享用美味的餐點，會引發大家對於食物及烹飪的興趣。如果全家人都能了解並愛上烹飪，餐點的準備就不再只是一人之事，而是每個人的責任。

隨著孩子獨立，已經變成烹飪專家的主婦們會分成兩派。一是對烹飪完全失去興趣，一是開始把烹飪當成工作，而兩者的共通點是，即使喜歡烹飪，也會因為不再有孩子做為生活的重心，無人品嚐自己的料理，而失去做菜的動力（但即使孩子獨立了丈夫也還在，怎麼會乏人問津……）美味的料理能夠撫慰心靈，同時也有凝聚眾人的力量。

料理的內容雖然會隨著人生階段有所調整，但食物做為生命的泉源是不會改變的。烹飪不但是創造性的作業，更是所有人必須持續一生的任務。只有烹飪這件事，永遠不會有浪費的一天。

隨著人生階段調整生活方式

在現代，除了包括農業在內的自營業、個人公司及自由業等在家工作的族群，其他人的住居與職場都是分處兩地。因此，在選擇居住地點的時候，職場與住居的距離就變得非常重要。這方面的選擇也會因為個別考量與人生階段而互有差異。

以工作為中心的單身者，會在預算許可的情況下盡量選擇離職場較近的地方居住，因為通勤不但消耗體力，更會浪費時間。這個時期，居住環境或房租負擔的考量會被排在其次。

等到這些單身者結婚、有了小孩，就會以子女的教育成長為第一優先，所以工作場所與住居的距離開始拉遠，有時還會出現單身赴任的情況。單身赴任這樣的雙重生活，不但形成許多浪費，對家人情感及身體健康也會造成負擔。但如果以工作為優先考量，孩子就必須跟著父母四處調職而不停轉校，有時候還必須遷居海外。

無論是人生階段、工作與家庭環境，所有人都各自抱持著形形色色的煩惱。即使居住的地點是經由各種條件妥協之後才決定的，還是不該對住居的打理有所懈怠。就算只是暫居，周邊環境也令人不甚滿意，還是要將住居整理成自己喜歡的模樣。

當人生階段開始改變，住居環境的規劃也要跟著調整，不然就是一種浪費——不只浪費寶貴的空間，也會浪費水電費與維護費。

讓獨立後的孩子還把自己原本的房間當成堆積物品的倉庫，更是浪費中的浪費。空出來的房間可以出租，或是改裝成自己的工作室、娛樂室，獲得更有效的利用。

如果對自己的人生階段有更深刻的理解，自然就不會堆積現今這個階段所不需要的東西。

29 每五年做一次全面檢視

無論是誰，都會覺得日常總是煩擾雜亂。為了保有簡單、美好又豐富的生活，最好可以跟從前的人一樣每年進行兩次大掃除，畢竟平時的清理一定會有疏漏之處。

對現代人來說，休假是旅行或玩樂的時間，根本不想用來掃除。但即使覺得不需要清理，最好也能定期檢視，調整衣．食．居中的各個項目。

例如，在規律的日常中加入運動或園藝等新鮮元素，可以為平淡的生活增添不同的趣味。

分明的四季為生活帶來許多美妙變化，但季節的轉換也經常使人出現暈眩、中暑或受寒的情況，引發混亂。一旦因循季節建立的固定習慣被破壞，將造成諸多影響，若未及時做出調整，種種的不順會讓生活更加煩擾雜亂。

基本上，最好每五年重新檢視一次，這通常也是人生階段產生變化的週期。

為毫無變化的連續生活設立暫停點，可以為日子注入新的生命力。重新檢視衣．食．居各個部分，為日常做一次完整的體檢，或許也有機會找出新的思考方式。

只留下適合現今年齡的服飾

在這個時代，大家已經不再盲目追求潮流，而是講求自己的風格。五年之間，體型會在不知不覺中產生變化，工作的職位與立場也會有所異動，因此需要重新檢視自己的造型風格。

如果只是不斷追求當下需要的一切，卻不回頭做整體的檢視，衣櫥裡就會塞滿衣服，變得一團混亂，因此必須不時進行確認。

服裝是展現自己當前形象及角色的工具，除此之外的服裝都是不需要的。

我們經常聽到「時尚是週而復始的循環」這一類理論，所以經典款式可以留存下來，等待流行再度循環。話雖如此，這其中的意思與一般人的理解仍有微妙的不同。基本上，只要衣服真的適合自己，就沒有款式或流行性的問題；搭配的技巧也十分重要，如果誤以為相同的款式又再次流行，就完全照著過去的方式穿搭，很可能讓自己陷入窘境。

整理所有的服裝、符合自己現今風格的才留下，這樣的作業聽起來非常麻煩，卻是磨練穿搭技巧的理想機會，即便對不在乎衣著或裝扮的人來說也是如此。只要掌握自己擁有的服裝，就能避免無謂的購物浪費，同時大幅減少穿搭所需的時間。最重要的是，這樣的檢視可以讓自己對現在的穿著更加自信，從容而有餘裕。

原本對時尚及穿搭就很講究的人，更可以藉此從原本的收藏中篩選出心愛的珍品。定期重新檢視，為穿搭增添一些新的靈感吧！這樣也能為自己喜歡的舊衣注入新鮮感。

適時為日常飲食加入新菜色

無論是已經創造出自家料理風味的人，或是經常追隨潮流轉變、快要忘懷過去拿手菜的人，面對現今過於龐雜的料理相關資訊，大概都會有不知從何擷取的感受。特別是擅長將世界各國的料理化為本國風味的日本人，選項過多反而造成困擾，最後可能還是一直重複做著固定的菜色。

從前的人認為，比起創作料理，廣受大眾喜愛的經典菜色才算是家庭料理，因此多半會以傳統口味為主。現在的家庭料理則融入了世界各國的風味，初次來到日本的外國人士，往往會折服於日本現代料理的豐富及美味。

隨著家族成員年齡的變化，每個人所需的營養及熱量各不相同，喜好當然也有差異。

因此，家庭料理的基本內容也要每五年重新檢視一次，適時加入新的菜色。

檢視基本家庭料理的方法之一，就是修正每個季節的固定菜色。

我們攝取的食物必須要能調整身體狀況，酷熱時要降溫，寒冷時要保暖。每個季節都蘊含豐富的當令食材，可以配合四季更迭，加入適合自家的藥膳料理。

如果想融入其他國家的風味，也可以選擇與季節相應的料理，例如冬天就做甜菜根等寒冷地區的菜色；夏天則加入咖哩等熱帶地區的飲食。

修正完平日的菜色，再同樣按照季節調整宴客用的特別料理，便無需再為菜色煩惱，但還是可以時時檢視，並追加新的菜色。

不過，一旦想到新菜色就立刻追加，可能讓流程變得複雜，所以新的菜色可以先另外整理出來，等再做檢視時根據季節屬性加入。

做出好吃的料理時一定要留下食譜，不然讓這道美味僅是曇花一現，會十分可惜。現在就下定決心，重新為自家料理建構新風味吧！此外，美味可口卻要花費許多時間與心力烹調的精緻大餐，除非是想展現身手，不然還是委託給專業廚師——平常可以將有興趣品嚐的店家或餐廳列出來，想吃的時候就去好好享用。

衣．食．居

不只更新設備，也要觀察生活變化

無論是住在獨棟建築或公寓大樓裡，都需要定期檢視生活空間。

家中哪個區域最舒適宜人，問寵物和植物可以最快知曉。如果狗狗及貓咪能在屋內自由行動，牠們一定會聚集在最舒服的地方，因此，只要是家裡的寵物想占為地盤的區域，對人類來說也一定是最快適的場所。而植物因為不能移動，可以從枝幹的伸展方向及葉片的顏色變化來判斷。

其實幼童也有相同的能力，有機會可以試著觀察家人的行動，研究一下家中哪些地方讓他們待起來最安心、最放鬆。

家具擺設如果有所改變，人的行動模式也會跟著調整。沙發的位置不同，視角就會隨之變異，甚至空間大小也會感覺不太一樣。

檢視住家環境時，有時只需要更換擺設，有時則可能需要二次裝修。而比較簡單的做法，是換掉窗簾（變成百葉窗或羅馬簾、遮光簾等）、或將沙發翻新換皮。

布製窗簾可以讓照進室內的陽光顯得溫和舒適，卻容易褪色及損壞。除非原本就喜歡懷舊古意風格，否則可以趁著春天來臨，在明亮的光線下觀察布製窗簾或沙發的折舊程度，看看是否有平常沒留意到的污漬，這也是進行整體檢視的理想時機。

重新檢視住居，不只是更新家具、設備或內部裝潢，也包括整體生活的觀察。**三年、五年的日子瞬間即逝，這段期間無論是外在或內在的生活都會發生變化，但我們的住居環境往往都是默默地承受周遭的異動，革新的必要性於是很容易被輕忽。**

經常搬家的人，基本上應該是積極改變住居環境的人。就算是因為調職而被迫經常遷居，也不要覺得麻煩，反而要感謝自己比別人擁有更多美好的機會，享受生活變化的樂趣。

30

徹底追求美感

雖然不敢說對於「西洋」的事物已經瞭若指掌，但現今的日本人對西方的憧憬確實沖淡了許多。不少人都開始思考，如何重新找回最適合自己的美好生活。

無論是西式或日式，當前的生活藝術均已趨成熟、開放，不再拘泥於固有形式，全世界的人們都能夠體會與欣賞。

而日本人的專長，就是絕不會浪費從各處吸取的新知與見聞，並且有能力轉換成屬於自己的技術。就算可能不斷失敗，也可以培養出挑選鑑賞的眼光，將真正需要的事物融合到生活裡。

只有在現今這個「只要期望，就能享有衣・食・居最高品質」的時代，我們才得以自由自在地過著適合自己的生活。

如今，**每個人都能經由過往所自然累積、陶養的感性與知性，依循自己的判斷建構出美好、洗練的生活，並且憑藉自身對美的意識，創造出個人專屬的風格與文化。**

運用古典元素，提升時尚質感

最能展現女性之美的服裝，應屬十八世紀的歐洲貴族禮服，對於現代洋裝有著深刻的影響。當然，我們不能把當時的服裝直接對應到現代來思考穿搭，這不僅是因為生活方式不同，古式的奢華與現代追求的簡約也完全背道而馳。然而，那個時期對美的詮釋，仍有許多值得借鑑之處。

首先，當時的洋裝無論是便服、夏服或晚禮服，從頸、肩到胸前的領口設計都非常美麗，成為視線的焦點，這是十八世紀服飾最突出的特色。

此外，當時還流行用束腰將腰部收得極為纖細，以襯托並調和頗具份量的蓬裙裙襬。十九世紀時束腰已經消失，到了現代，則以褲裝、短裙及熱褲為時尚潮流，不再強調腰線。

女性變得更有行動力，服裝也更講求不受拘束、可以自在活動。

在此同時，服裝也不再只以美為重點。然而，無論時代如何改變，腰線仍是整體穿搭中受人注目的美麗焦點。想展現腰線的優美，就要挺直背脊，這樣整個人也會更為突出、亮眼。此外，也可以運用腰帶來強調腰線。

十八世紀的服裝，袖子的設計在手肘以上通常會緊貼著手臂，手肘以下則呈散開狀，藉由錯覺讓手臂更顯纖細，近似於現代時裝中五分袖的設計。想讓手腕或腳踝看起來纖細，貼身細管的袖子或長褲可以加強效果。

就像這樣，**即便是強調簡約且便於活動的現代時裝款式，也可以運用十八世紀的設計手法，以古典的元素來提升自己的時尚質感。**

好看的料理也會是好吃的料理

家庭料理首重美味與健康，然而菜式的外觀也不能忽視。**我們的身體首先都是靠視覺接收「美味」的信號，才促使大腦分泌唾液，做好吸收營養的準備。**

當然，料理也可能比我們眼見或想像的來得更加美味，但無論如何，享用美食的喜悅最初都是由視覺的判斷開始。

家庭料理的美，著重於如何將一般的食材調理得色香味俱全。

首先是色彩的呈現。繽紛的色彩能促進食欲，像是黃色、橘色、紅色及綠色，再加上飯的白色，以及麵包的褐色。

其次是香味。清晨的咖啡、剛出爐的麵包，新切的漬菜、熱騰騰的白飯，煮了許久的燉飯、滿溢香氣的熱湯，最後還有辛香料的氣味，都能讓人食指大動。

再來是盛盤。活力充沛的孩子，要提供充足的份量；如果是大人，就要注重色彩、食材及餐具的協調搭配，時尚、美麗的盛盤也能誘發食欲。

擺盤的技巧也很重要。生菜類要強調水嫩、新鮮及立體感，如此不但容易取用，外觀也賞心悅目。如果是魚類，除了生魚片之外，要特別留意魚頭的擺放位置。從客人食用時的角度看過去，體型較大的魚，魚頭要放在左邊；數條體型較小的魚，盛盤時魚頭盡量不要朝上。

燒烤及煎炸的火候技巧，對於呈現料理的熟成之美非常重要。焦黃色是最美的顏色，也最讓人開胃。

藏起生活用品，在清爽中療癒身心

美好、洗練的住家，可以讓居住者全身心地放鬆，體會安適自在的感覺。而對訪客來說，看不見日常生活用品四處散置，他們才會感到安適自在。只有在清爽的環境中見到美的事物，才能為身心帶來療癒。

即使和自己的喜好不同，若能從住居中感受到主人的個性，反而會產生親切感，像這樣安適自在又有質感的住居，會獲得每個人的喜愛。

話雖如此，很多人還是因為住居空間太過狹小，覺得不可能把日常用品完全收納乾淨不外露；但即使空間足夠，大部分的人基本上也還是無法解決這個問題。

所以，**不能因為當前的住居狹小就輕易放棄，而是要努力思考，根據現況打造洗練**

的美感住居。在現今這個空間中能做到最好，換到下一個空間同樣也能做到。

擅長收納的人，就能創造美好的生活環境。從前的人們居住在和室裡，可以隨時彈性地改變房間用途及收納方式，十分擅長利用空間。西化之後，我們雖然理解了房間各有固定用途的合理性，卻失去了收納及活用空間的能力。

日常生活中需要及想要的物品越來越豐富，不同風格都能任君挑選，如此一來，我們擁有的東西自然也會增加數倍。如果沒有學會聰明收納及安排空間，也難在住居中展現洗練之美。

只有認真地花費心力，讓住居成為主人及訪客都覺得安心舒適，比起外出更想要待在家裡的所在，才算是真正達成徹底追求美感的目標。

後記

最後的法則

擁有財富，就是幸福嗎？

怎麼樣才能讓自己幸福？每個人都在摸索這個方法。

大多數人都認為，幸福就是豐饒及富有。確實，古代的文化大多是由凝聚了多數財富、以帝王為中心的特權階級所創造，或許這就是「富有」何以會成為人們最終的目標。西歐的貴族文化，日本的公家文化、武家文化、町人文化[5]……幾乎都是如此，無論哪一種都是財富的縮影。

時至今日，掌握資源的富人卻大多將自己的財富拿去創造更多財富，對文化的創造與投資不屑一顧。在新的文化尚未形成之前，這些握有資源者早就消失或撤離。

如果財富的凝聚，可以創造帶來幸福的藝術及美麗的事物，也算好事一樁；但要是掌握資源的富人們不願對文化的孕育及推廣有所貢獻，我們就只能試著不依恃財富，靠自己的力量來創造文化——提升自己對美的感受力，推展固有的文化根柢，對美麗的事物懷抱真切的渴望與熱情的眼神。

因為，**「美」才會帶來幸福**。

不要靠財富來獲得美麗的事物，而是靠美麗的事物來獲得幸福。每個人無論過著什麼樣的生活，都要朝「美」之所在前進。體認時勢並加以順應，不貪心強求，莫忘初衷，保持努力與坦率，把握半數以上的幸運，對平凡的日常抱持感恩的心。

由美所培養的鑑賞力，被美食訓練而成的敏銳味覺，才是人生中不可或缺的財富。想讓他人快樂、想活得美麗、想活得正直，藉由實現這些願望的過程，人們才能尋

註5　在日本，「公家」是指傳統貴族和政務官員，「武家」為幕府將軍和武士階級，「町人」則是以商人為主的一般市民；這三個階層各自因其生活特性而形成不同文化。

獲幸福。讓人幸福的並不是財富，而是擁有可以努力的目標，這就是「清貧」所帶來的富足，亦即能夠感受幸福的技巧及能力。

當然，想要擁有最基本的生活條件，確實需要一些財富，但是財富與幸福並不相關。在這個時代，需要將幸福與財富切割開來看待。

穿搭品味與置裝預算並不相關

精品名牌支配時尚的時代已經結束了，現在連詢問別人的服裝品牌都是無禮之舉，那就像是無視對方的品味，只在乎他是否有錢。時代開始追求自在與隨性，穿出品味和置裝預算毫不相關。

重要的是鍛鍊身形、**琢磨品味**。想要鍛鍊身形，成功的秘訣就是讓自己不斷地動起來。不需要什麼專業器材，運動中心、健身房是娛樂、社交的場所，等自我鍛鍊到一定程度，再去那裡展示美麗的身材吧！

想培養時尚的品味，則要持續關注潮流，最後就能達到他人無法模仿的層次。雖然不必追逐流行，還是要掌握住時代感。在這個追求隨性的時代，用很低的預算就能充分展現自我。工作服裝不妨以懸疑動作片的女主角形象為本，但並非完全複製，而是參考類似情境的搭配重點。

動作場面最能展現隨性之美，就算打鬥時需要脫掉上衣，內搭的服裝仍顯時尚。鞋子、手套、大衣、帽子及包包等單品是決定性的關鍵，可以注入一點藝術氣息，提升整體的質感。穿搭的技巧與品味，是戰勝財富的必要條件。

能讓食物美味的，是技巧與愛情

能夠讓食物美味的，是技巧與愛情。如今人人都能透過電視、網路輕鬆取得各種食譜，但接下來並非就照本宣科，而是要在自我思考後，找出正確的烹調順序，不斷模仿、練習專家的手法。將料理的過程視為一種感性的化學變化，應該就能理解烹飪的樂趣；即便失敗，也是為將來的成功做準備。

陶藝家並非只仰賴感性創作，作品成形之前，不知要經過多少次嘗試、調和釉藥、調節燒陶溫度，累積了深厚經驗，才能獲得滿意的成果。學習烹飪也是一樣，可以在食譜上記錄天氣、溫度及品嚐者的反應，為下一次的料理累積經驗。

愛情不只是一種情緒，配合品嚐者的偏好與體質，做出對方喜歡的料理，才是真正的愛情。**為了自己及家人，去想像哪種美味的料理可以增進彼此的健康，這更是深刻的愛。想像力能將我們的關愛與體貼化為實體。**

只要氣溫、烹飪者的狀態及品嚐者的疲勞程度有所差異，相同的食譜也不一定能做出同樣的美味。唯一能調節味道的是技巧與愛情，而不是預算。

適合自己的環境，才是上質住家

每個人對住居的要求都不一樣，但問題最終都會回歸到預算。即使有許多想要嘗試的計畫，往往會因預算不足而退回原點。

要實現夢想，最快的方法就是捨棄不必要的執著，重新思考自己追尋新居的目的，從此處開始確認，有哪些計畫能夠化為現實。

當然，無論空間大小，都可以無上限地投入預算，但就算耗資甚鉅，也不一定能打造出合宜的環境、或是滿足居住者對舒適的要求。相對地，即使預算不多，還是能展現質感。除了建築物本體，對於家具選擇及窗戶設計等內部裝潢，更要仔細要求品質。

住居是會呼吸的生命體，雖然隨著時間流逝需要修繕保養，但這也是居住者與其共同成長、生活的證明。再怎麼豪奢的住宅，沒有時時維護，最後也會變成廢墟，越是豪奢的房子，越需要維護管理。清貧雅緻的小巧住居，雖然花費不多，卻能讓自己置身於經年累月的變化歷程中，感受成長的點滴樂趣。物件雖有限，但樣樣皆是精品，不僅可以節制消費欲望，更能提升美的層次。

親手打造的住居，才是最適合自己的安身之所。

我在多年前搭建的自宅，就是一間極盡清貧雅緻、像是小巧庵室的房舍。本書中提到的每一點，我都深刻地銘記在心，努力將它塑造成自己心愛的家。

能夠隨心所欲，真是一件幸福的事。

這些年來的種種經歷，讓我一再深刻地感受到，人們需要啟程尋找嶄新的生活方式，並再次確認幸福與豐饒的真義，因而花了將近兩年寫下這本書。如果它能為大家帶來一點點幫助，即是萬幸。

Soulmate 1

練習有風格
30 個提升身心質感的美好生活提案

作　者——加藤惠美子
譯　者——楊詠婷

責任編輯——郭玢玢
美術設計——謝佳穎
編輯協力——樸明潔

總編輯——郭玢玢
社　長——郭重興
發行人——曾大福
出　版——仲間出版／遠足文化事業股份有限公司
發　行——遠足文化事業股份有限公司
地　址——231 新北市新店區民權路 108-3 號 8 樓
電　話——（02）2218-1417
傳　真——（02）2218-8057
客服專線——0800-221-029
電子信箱——service@bookrep.com.tw
網　站——www.bookrep.com.tw
劃撥帳號——19504465 遠足文化事業股份有限公司

印　製——通南彩印股份有限公司
法律顧問——華洋法律事務所 蘇文生律師

定　價——360 元
二版三刷——2023 年 5 月

圖片來源：
封面 Anna Cor / stock.adobe.com（Adobe Stock）
內頁 Anna Cor / 達志影像

無駄なく、豊かに、美しく生きる30のこと　加藤ゑみ子
MUDANAKU, YUTAKANI, UTSUKUSHIKU IKIRU 30NO KOTO

國家圖書館出版品預行編目（CIP）資料

練習有風格：30個提升身心質感的美好生活提案
加藤惠美子著；楊詠婷譯／
– 二版. – 新北市：仲間出版：遠足文化發行：2021.12
面；　公分. --（Soulmate；1）
譯自：無駄なく、豊かに、美しく生きる30のこと
ISBN 978-626-95004-3-7（平裝）
1. 家政 2. 生活指導
421.4　　110018640

10. 機能與藝術感

住居中的輔助設備，必須具備讓生活更加舒適的功能。有些東西也許乍看之下很有用，隔一段時間就成了派不上用場的贅物。因此選擇物品時，要盡可能確認其對生活的舒適是否真有助益。

此外，即使是相當實用的輔助設備，最好還是能隱藏起來。例如冷、暖氣在現代生活中不可或缺，如果換成中央空調系統，就可以和室內裝潢完美融合，購置新居時可優先考量。

空氣清淨機或加濕器等家用電器，機能通常比外型更為重要，雖得從現實面考量，也要盡量挑選符合自己品味的造型。

即使是對空間美感沒有太多要求的人，也會對各種散亂的電器線路大傷腦筋。有些人會在傳真機或影印機等機器上鋪設桌巾或織物，這種眼不見為淨的掩飾是最消極的作法。

照明器具首重外型的美感及光線調節的機能性，如果不想看到純功能性的燈具，可以將光源藏在家具及天花板中，設計成嵌燈或間接照明。外型別緻的暖色桌燈，則適合做為展現戲劇性效果的燈飾。家中除了必要的機能性照明，最好還能營造光影交織的藝術感。

為了讓機能與藝術感融合，整體的設計風格與系統化至關緊要。從現在起，為衣・食・居樹立一致的風格，盡可能以系統化的背景基礎來實現心中的構想，讓自己在未來的每一天越來越進步。

9. 香氣、清新、溫暖

一個「像冰箱一樣」的空間，稱不上是簡約不浪費的豐富生活，而是應該擁有足夠且恰到好處的必需品，呈現自在舒緩的狀態，再加上香氣、清新、溫暖這些肉眼看不見的美好元素。

清新又不喧賓奪主的香氣，讓所有人神清氣爽，無論是在衣・食・居任何一方面都是如此。以「食」來說，香氣是讓人感受美味的必備要素，更細微一點深究，還能讓人感受到生活的豐足。服裝飄出的微微香氣，能使人感受到這個人的性格，但難就難在自己覺得適合的香氣，與他人覺得適合的香氣之間，可能有著感覺的落差。人通常最難看清自己，對適合自己的香氣也難有客觀的判斷，不妨委託身邊親近的人幫忙確認。

在住居方面，比起展現專屬的香氣，不要出現異味更為重要。住居內最好清爽無味，或是只有一絲清淡自然、沒有特徵的氣味。

所有的生活素材都有氣味，想要加以消除，除了清理髒污，還要保持乾燥。廚房的廚餘廢料更要特別注意，最好以廚餘處理機粉碎，壓成乾燥廢料後密封起來，再跟著其他垃圾一起丟棄。處理後的廚餘體積會大幅縮小，也不會散發臭味。

清新感不只是潔淨，還要展現鮮活的生命力、透明感、新鮮度和青春的感覺。環境乾燥不潮濕，不會塵絮飛揚，就像是剛剛摘下還含著露水的鮮花。所有的東西都需要細心維護，維持最好的狀態。充滿溫度的空間，除了有人的溫暖、物品的溫暖，還要有空氣的溫暖。即便是全白的裝潢，也能擁有溫度，不一定就是冰冷嚴肅的感覺。

8. 客觀地檢視物品需求

無論是對住居的期望或擁有的物品，都有著適當的規模標準。每個家庭的物資儲備量會因人口數及購買頻率有所不同，基本上還是要視收納空間而定，一旦家裡擺放不下，就是超出標準。這不代表收納空間無法滿足生活所需，而是要配合收納空間調整生活習慣。

消費欲望會使人與物品的關係複雜化，弄不清自己是真的想要某樣物品，或只是處於一時的消費衝動。因此，要努力確認消費目的，不要將其當成獲取快感的行為，每一次購物都必須出自真正的需求。

想讓住居成為舒適的空間，必須在家具、照明及窗簾等內部裝潢多加用心。家具及擺設是連結人與空間的要素，再瘋狂的家具迷，也鮮少會為了滿足欲望而衝動購買，原因不外乎是家裡沒有足夠的空間。這種作法乍看似乎很冷靜，最終還是因為受到空間的限制。不管東西再小，都還是需要擺放的地方，就這層意義上來說，雜貨小物、消耗品、衣服和家具都是一樣的道理。以客觀的角度檢視需求，辨識消費的目的，就能創造豐富的個人住居風格。

| 與物品的關係 |

家具	照明器具	裝飾品
以放鬆為目的	在空間中製造光影	為視覺帶來休憩
聚會、家人活動	被光線圍繞	創造空間內涵
收納	提高工作效率	表現態度與立場

7. 充滿感情與個性的手作品

在這個消費便利的時代，一般人往往認為沒有手作的必要，畢竟用買的還比親手做的便宜，更何況時間有限。但市面上銷售的大多是缺少溫度的量販品或實用品，完全抹除了住居者的特性及品味。於是，有越來越多人懷念起手作品的溫暖，開始自己動手製作生活必需品。即使不及專業水準，親手製作的東西歷經歲月累積，也代表了家庭的溫暖。最具代表性的就是針織手作，女性擅長縫紉及針織，一針一線都織進了滿滿的心意。

專業工藝品及傳統手工藝，又具有手作所不及的精緻感。近年高級木竹、金屬工藝和漆製品越來越少見，若幸運得到幾件，務必善加珍惜；要是有機會購買，則一定要選擇優質又能展現自我品味的佳作。此外，親手製作的物品，也是最棒的禮物。擁有自己的手作技術，能培養獨特的個人風格；透過製作過程，也能理解手作的辛苦及得來不易。

生活中的手作品

上質手工藝品	手工禮物	手工訂製品
竹籃（青竹製的生活用品） 笸籮 片口（單口日本酒器） 瀝水籃 蕎麥麵竹籃（圓形淺底）	手工蕾絲 刺繡桌墊 桌巾 繡字手帕	最適合自己的製品 * （訂製椅、訂製沙發）
木桶 壽司桶 木製盛飯桶	廚房用品 餐巾墊（盡量使用低調的顏色）	最適合空間的製品 （櫥櫃、五斗櫃）
漆製小物 家具	蛋糕、餅乾、和菓子、果醬及膏類	以自己喜歡的手工及材質製成的物品（桌子等）

＊高品質的手工製品，訂製後需要等待時間

6. 美，能療癒心靈

不是藝術愛好者，也能被美好的事物所療癒、感到安心。什麼時候我們最容易被美好的事物打動？自然是需要喘息的時候。受到療癒時，心中會充滿懷念的感覺。每次停駐腳步歇息或回想起舊日時光的當下，往往伴隨著美好的事物、音樂或香氣。充斥各種便利技術與發明的現代，更強化了人們對於美的追求。

我們最常接觸到的美，就是大自然。人們之所以想方設法將大自然的氣息帶進住居，就是想獲得它所帶來的療癒感。與其思索「美到底是什麼」，不如早點讓自己身處於美好的自然中。空間裡可以多多裝飾花朵及植物，感受鮮活的綠意。在選擇造型及色彩等視覺元素時，也盡量與自然有所聯繫，讓人從感觸到視覺都回歸原點，享受自然的氛圍。

美好的感覺無法只靠單一事物呈現，必須與整個空間產生連結。而不美的東西無法產生連結，所以要把它隱藏起來。藉由連結，就能傳達空間背後的訊息。美麗的事物總能引發各式聯想，讓人進而被吸引、被療癒。

同樣地，畫作或雕塑也無法獨自創造出美的空間，除了必須與空間產生連結，還要加上不同的搭配，才能讓住居中的「美」療癒心靈。

人們常有所誤解，以為讓每個人得到療癒的美都各有不同。其實，大部分的人都會為共通的美所感動，就算感受方式互異，得到的療癒作用卻是一樣的。有人覺得懷念，有人感到浪漫，有人產生憧憬，還有人湧現了想要沉睡的安心感，這些全是美好空間帶給人的療癒。物質只能滿足人的物欲和占有欲，卻無法療癒身心。

5. 透過空間傳達訊息

無論透過語言或是外在表現，都有可能造成誤解，最好盡量以對方能接受的方式來表達。為了傳達最真實的訊息，需要有多種展演方式，從衣裝、飲食到住居都是如此。

當然，我們也可以將所有重心都放在「衣裝」上，忽視「住居」的重要性，讓家裡成為「無法待客的陋室」，但住居其實是放鬆心靈、安定心情的重要場所。而在住居中，形狀或色彩等視覺感受雖能傳達豐富訊息，但只要變得雜亂，空間就不再舒適。

透過空間傳達的訊息比較不是那麼直接，所以要有階段性的演出。首先登場的就是常被視為展示台的水平面，如桌子、櫥櫃等處。試著將桌上的東西收拾乾淨，再擺上新鮮的玫瑰花，很快就能形成某種氛圍。

接著是垂直面的牆壁。如果牆上掛的畫作與水平面裝飾的物品有所連結，就能衍生更多情境。只要存在著一項開啟想像力的物品，就能創造出一個有故事的空間。

住居是動態而非靜態的空間，時時有人出入與活動，最重要的是讓居住者無論做什麼，都能安全、放心地自由活動，同時藉由家具及照明讓人更感舒適，待得再久也不疲累，這是住居空間應該傳達的基本訊息。人的行動如同大自然中的流水，遇到岩塊或石頭就會濺出水花，如果沒有阻礙，路途再曲折也能順暢前進。而一個小小的轉彎，會讓流水出現些微的停滯，在此處稍做停留、聚集及安歇。把住居當成傳達訊息的空間，能讓我們在擺放裝飾時感受更多樂趣，久而久之自然就成為裝飾空間的生活達人。

4. 簡潔的舒適感

住居首重舒適感，還要能展現自我、實現個人的期望。對某些人來說，住居更代表著自己的立場與態度。住居呈現的各種舒適感，也為居住者營造不同的感性。清潔感與安全性也是住居最須講究的要素，而家中一旦沒有多餘之物，就更容易保持乾淨整潔、光亮如新。

家中的清潔劑及打掃工具不需要準備太多（1~3 種）；居家織品通常種類繁多、數量也不少，但可以減少顏色，統一使用白色（裝飾毛巾多點色彩則無妨），每樣物品都要盡量使用。老舊的白色織品可以漂白保持清潔感，花色織品則一旦褪色就顯得破舊，要多加注意。

｜居家織品與清潔用具｜

清潔劑	清掃工具	家用織品
	吸塵器 刮水器 蒸氣清潔機	被套和床包 6 組（3 組） 枕套 2 打
洗衣用清潔劑 洗碗機清潔劑		桌巾 3 件（3 件） 餐巾紙 3 打（1 打）
環保酵素 小蘇打、檸檬酸	刷子 靜電撢	布巾 2 打（7 條） 廚房毛巾 1 打（7 條）
兩用洗髮．沐浴乳	澡巾 澡刷	洗臉毛巾 2 打（7 條） 浴巾 2 打（7 條）
	紙抹布 抹布	圍裙 6 件（3 件）

＊（　）內是獨居者準備的數量

3. 不只是寬敞就好

一旦願望增加，想要的東西就會越多、越廣，物質的欲望需要廣大的空間才能滿足。如果用多與廣來滿足願望，追求的東西也會慢慢變多、變廣。然而，如果是努力地充實有限的期望，就能打造出更自由、更有深度的住居。

反過來說，若是以為物品越少，空間就會越寬廣，這也是錯誤的想法。人的視覺體驗幾乎都來自錯覺，決定住居寬廣與否的不是坪數，而是視覺的延伸。只要將視線延伸至遠方，就能創造出寬廣的錯覺；藉由物品的巧妙擺設製造錯覺，可以讓人感覺不出空間的寬敞或狹窄。

例如，覺得房間太狹小，就要盡量減少眼前的可視物，將沙發擺到屋裡最遠的角落，以創造寬敞的錯覺。

玄關之所以看起來狹小，是因為堆滿了鞋子。少了鞋子，那裡不過是進入屋子的中繼點。實在無法不放的話，至少要把鞋子收拾起來或擺放整齊。最極簡的狀態，其實只需要兩雙鞋（運動鞋和皮鞋），當玄關空間與鞋子數量不成比例，就會顯得一團混亂。

這也是物盡其用的其中一例。根據現有空間的實際大小，將家中物品維持在最適當的數量，以有效活用空間，這是我們應該徹底實踐的美好生活習慣。

2. 對住家的期待

能在生活中實現個人的願望，對生活的滿意度想必也會提升。以下的表格列出了許多不同願望，不妨看看是否有跟自己相似的想法，可以做為參考，努力為生活帶來另一種改變。

夢想的住居

健康願望	安樂願望	連結願望	美麗願望	幸福願望
健康身心 Healthy spirit	平和精神 Cozy Mind	交流需求 Communication Wish	愛好藝術 Art Lover	抓住幸福 Happiness Taker
以健康為優先	一切以放鬆為主	連結與牽絆	滿足美的意識	永遠的幸福
帶來健康的住居	自在舒緩的住居	充滿人氣的住居	被美物包圍的住居	讓人幸福的住居
盡量使用促進健康的素材	充足的個人空間	寬廣的空間	住居本身就是藝術品	思考哪些事物會招致幸福
同時療癒身心的環境	身邊只圍繞心愛的東西	能愉快交流的環境與配置	看不見實用物品的痕跡	以清潔感為優先
與大自然共生	能夠專心鍛鍊	與人共存	能夠被美的事物療癒	隨手清潔就是最好的維護

住居是生活文化的總合

1. 將多元文化轉換為自我文化

當我們樂在享受東、西方文化的同時，得到的並非是真實的滿足，而是充斥著多餘事物的生活。而屬於自我的「住居」風格，應該是不存在無用之物，還能讓人感到平靜與豐富。為此，我們需要整合身邊的多元文化，確認自己的想望，以創造自我的獨特文化。在以往的生活中，因為有趣、想要嘗試或追逐流行，於是購買了各種物品，如果能明白自己想要什麼、適合什麼，就不會再被物質引誘。

人們常因念舊而保留物品，導致家中贅物越來越多，但值得留下的，只有回憶。由於一直被擁有物品的滿足感支配，「斷捨離」變得窒礙難行，這時就要設法靈活運用現有的物品，讓它們發揮實際用途，再一步步往前推進。

如果只是單純地把東西丟棄，物品的減少只是暫時，很快又會開始堆積。想要真正做到斷捨離，就必須確立新的生活文化。

這也就是說，要立下改變生活習慣的決心，確認自己想過的生活。首先，必須決定自己對生活的期待，一旦產生了期待，也要擔負起實現的責任。如此一來，才能重建充滿魅力的新生活習慣。

種成衣，只要稍加改造，就能成為藝術。一旦對自己的穿搭抱持自信，衣櫥裡就不會有多餘之物，而下一個目標就是創造屬於自我的藝術。

巴黎的高級訂製服之所以引人注目，就是因為能親眼目睹大師們自由的藝術表現。無論最後有沒有人購買，我們只是欣賞這些藝術品等級的訂製服，就能獲致極大的滿足感。

現今，有許多人對「衣裝」和「美食」著迷，也有不少人對「住居」著迷，個人喜好出現明顯的分化趨勢。而我認為，下一個時代流行的事物會更接近衣‧食‧居的內容本質、或與其緊密關連。未來將不再強調個性，而是開始接受相同、基本的東西。

現今的衣‧食‧居已有豐富且自由的選擇，而往後所有事物的背後可能開始漸漸形成各自的系統。能源的問題、環保的問題、垃圾處理的問題，身為一般人的我們所能做的，只有節約而已。而衣‧食‧居之中最先進化的就是「衣」，機能性素材已經帶來超越便利性的時代變化。

因此，像鞋子、手套、包包、帽子、絲巾、圍巾、珠寶飾品及襪子等配件，即使數量不多也無妨，但最好都能選擇適合自己、質感優良的單品。當這些配件與身體合而為一，個人穿搭就會展現真正的風格；若能與套裝或洋裝巧妙搭配，將會大幅提升整體的品味，給人美好的印象。有時低調優雅，有時潮流前衛，呈現高水準的時尚演出。

近來流行的多層次穿搭，需要靠色彩選擇及比例平衡展現風格。裡面搭配柔軟材質及飄逸款式，外面再套上其他衣裝，就能展現美麗身形。能大膽將各種不同的色彩、款式及素材搭配組合，已堪稱是穿搭高手。

6. 藝術風格是未來的趨勢

就算是貼身剪裁（完全貼合身形），也能藉由服裝的整體輪廓及材質拼貼，構築自由且令人驚艷的色彩及造型。例如，透明材質（蟬翼紗）的多層次交疊能創造出水墨或彩繪的效果。色彩的交疊也能創造有如繪畫般的藝術感。

穿著服裝的目的就是為了讓自己變得更美，而美的表現又與藝術有所連結。因此，今後的個人「衣裝」風格，也將漸漸朝藝術取向演變，這對具有穿搭自信的人來說，非常值得期待。

唯一讓每個人都能輕鬆嘗試、滿足自我，進而展現洗練成熟的生活藝術，就是服裝。不需要追逐流行，只求能隨心所欲地自我展現，創作出以自己為主角的藝術。

如果沒辦法親手製作衣服，也不必勉強，這個時代有樣式豐富的各式，顏色則要從適合自己的色系中選出能安撫對方心情的暖色或中間色，流露內斂的質感。服裝的材質及細緻度能展現個人的層次（社會地位及立場），要盡量選擇上質好物。

選擇服裝時，除了考慮款式與色彩是否適合自己，更要思考如何藉此表達自己的立場、思考方式，以及重視的事物。現代女性經常活躍於各個領域，無論身處何種情境，都應該無需解釋，就能堂堂正正地向所有人展現「這就是我」。從用字遣詞、儀態舉止到神色表情，都與服裝融為一體，才能展現出獨樹一格、最美麗的自己。

5. 穿搭技巧才是王道

高端的時尚，展現的是優異的穿搭技巧，現在流行什麼、品牌是否高級，或色彩款式有何喜好，都無關緊要。

全新的時尚在時代推動下風靡了整個世紀，這樣的情況並不少見。享譽國際的設計師以高超的造型力做出各種嘗試，猶如波浪效應般慢慢對時代造成震盪，而這些創意全都來自他們成熟與洗練的穿搭技巧。

優異的穿搭技巧，來自於對時尚的品味及敏銳度。基本上，無論是裙裝或褲裝，想要順利提升穿搭技巧，都要先備齊上身與下身的搭配，當上下呈現整體感，才算跨過穿搭的第一道關卡。上下不同風格（色彩）的穿搭，需要品味更好、更勇於嘗試的人才能成功駕馭。

此外，身體會自然記住有質感的版型及材質（舒適度及觸感），反應出適宜的行動舉止，進而展現優雅良好的儀態。

4. 服裝是為了展現美麗的自己

為了展現最美麗的自己，可以專注於某一種風格，磨練自己穿出最有味道的穿搭。只要習慣了這種感覺，舉止也會更從容自信，這就是讓自己變美的方法。

如同日常用語是生活中的基本對話，家居服也是最基本的穿著。與其在家時總是穿褲子，外出時才特地換成裙子，不如在家及外出時都穿裙子，這樣更能適應裙裝的感覺，也更能穿出優雅柔美的味道。

習慣以襯衫搭配裙子的人，會自然展現腰部的線條；不習慣的人就會想用外套蓋住腰部，徒然增加不必要的服裝。以為只要瘦下來穿什麼都好看，其實是錯誤的想法，穿得習慣、舉止從容最重要。

想看起來更美，並非是要遮掩體型，而是要注重儀態舉止。認真地鍛鍊肌肉，不僅能展現服裝的美麗，也有益健康。只要持之以恆地鍛鍊身形，讓淋巴循環運行順暢，再雕琢出優美的腰線，無論什麼年齡都能穿出令人驚艷的美感。因此，重要的不是身材胖瘦及體重數字，而是健康勻稱的體型及優美的儀態。

版型及款式能強調自我個性，而選擇的色彩是亮眼、別緻或低調，則是用來判斷積極度的指標。

例如，想更積極地表現自己時，要選擇紅、黃、橘等亮色系或鮮艷的綠色及藍色；對比強烈的黑與白、黃與紫效果也不錯。想在眾人中脫穎而出，運用色彩比強調款式更有效果。

相反地，若想展演低調時尚，就要視情境選擇適合自己的剪裁及款鍊自己的感性。色系會受肌膚、髮色等各種特徵影響，因此建構個人色系就某種程度來說是必要之舉。專注於單一色系，也就是同一種色彩的濃淡組合，會是比較簡單的方式，但真要搭配起來，也頗有挑戰性。不過畢竟只有一種顏色，只要這個顏色是適合自己的，就不會有太大問題。

不過，單一色系可能有太低調或太張揚的危險，為了展現整體色彩的魅力，可以嘗試多加一種顏色來輔助。直條色塊可以製造瘦身或修長的效果；碎花或大花圖案的服裝，除非真的非常適合，不要輕易挑戰。衣服的材質及其他細節，則要配合穿著的目的謹慎選擇。

個人色系的選擇

想判斷某種顏色是否適合自己，最簡單的方式就是將色塊和膚色比較，看看這個顏色會讓膚色變得更明亮或更黯淡。此時先不必考慮版型及款式，以免受到影響，失去對色彩的判斷力。

個人色系的特徵

春	夏	秋	冬
黃色系	藍色系	黃色系	藍色系
明度高（明亮）	明度高（明亮）	明度低（平淡）	明度低 （濃重）（暗沉）
彩度高（鮮明）	彩度低（淡色）	彩度低（深色）	彩度高（純色）
清爽透明 青春鮮嫩	平和 粉彩	暗淡 柔和	對比強烈的原始純色

2. 款式是服裝的決勝點

服裝的版型及款式，有適合大眾的，有穿上後顯得更美的，也有的是強調自我風格。以強調自我風格的服裝為例，歐風訂製套裝的版型看似與一般套裝類近，卻在領口設計下了特別的工夫，這不是為了強調女性的柔美，而是要突顯與男人對等的地位。

展現女性柔美的款式，重點在於衣領造型、領口形式的呈現方式以及腰線的設計。領型只要有些不同的變化，像是做成立領或無領，就能呈現另一種美感。領口形式則有船形領、方領、V 領、桃心領及平口領等，選擇適合自己的設計非常重要。袖子的長度及造型，則可以挑選強調女性柔美的法式袖、五分袖或貼身長袖。

裙長及褲寬也很重要，一定要選擇合身尺寸。裙子的款式有緊身裙、A 字裙及傘狀裙等，設計上要適合自己的體型。雖不一定要挑戰高難度的窄身裙，但若能在腰部設計上多花點心思，會呈現更美麗的效果。例如高腰設計讓雙腿更顯修長；外套版型若在腰線以下擴展開來，腰部會更顯纖細、身材比例也更好。短上衣則能展現女性美。整體來說，服裝搭配要簡約俐落不累贅，同時易於活動，款式與版型則要符合自己的身形。

3. 別讓色彩搶了風頭

挑選顏色的重點，在於能夠冷靜地辨別喜歡的顏色與適合的顏色。比起區分不同顏色，更重要的是培養敏銳辨別色系的能力，這同時也能鍛連身洋裝的休閒式穿搭，除了選擇較輕鬆的款式及材質，還可以搭配內搭褲或褲襪，這樣就算穿著洋裝也能自在活動。套上休閒款的開襟外套也是不錯的選擇。

套裝褲裝派

工作服、外出服、宴會用的正式服裝，全部統一為褲裝款式。只要把襯衫加裙子的穿搭，全部換成襯衫與褲子即可。

女性褲裝在正式與休閒的界線上比較模糊，雖然說是褲裝，卻具備男性褲裝所沒有的時尚感及精緻度。即使參加正式晚宴，中性風（帥氣風）一樣可以很性感。

褲裝也是夏冬各 7 套（包含春秋等過渡期），和套裝裙裝派一樣，如果有太多零散的單品，會讓衣櫥顯得雜亂且爆滿。

搭配褲裝的襯衫，俐落款及極簡款各要有 7 件，再加上針織的內搭單品夏冬各 3 件（高領毛衣、背心、針織衫）。

一般來說，褲裝比較適合身高 165 公分以上的人，但時尚與穿搭品味若夠好，身高就不成問題。不是用衣裝掩飾身形的缺點，而是具備將身形的缺點轉化為自我風格的能力，就不需要在意所謂的通論。

褲管的寬度可依照個人體型選擇最理想的比例，修身直筒的款式會讓雙腿更顯修長。綁腰式長版外套能展現成熟自信的味道，此時褲子則要選擇具有整體感的同色系或簡單款式。短外套搭配緊身窄管的長褲，可以穿出休閒感，不僅方便活動，也展現十足活力。上身採用多層次穿搭，也有自在隨性的效果。

除了基本款，還要準備三件特殊造型的襯衫。在輕鬆的派對中，款式別緻的襯衫可以呈現時尚感，只需要搭配平時穿著的套裝。如果是特別的宴會，就要選擇更柔美的款式，材質也更講究（絲絨、綢緞、塔夫綢）。襯衫與裙子（視場合而定可能還要搭配外套）若是同一材質，款式又設計得體，就能穿出晚禮服或雞尾酒禮服的感覺。

套裝派的休閒式穿搭，則是針織衫搭配短裙、長版上衣或罩衫。

連身洋裝派

工作時的服裝不妨以有搭配外套的組合款式為主。同一件外套搭配不同的洋裝，或同一件洋裝做不同的穿搭，就能滿足大部分的 TPO 條件。日常服裝則可以挑選方便活動的針織或純棉材質洋裝，再搭配合適的開襟外套。

搭配連身洋裝時，不需要刻意追求成熟可愛風或優雅氣質風，最重要的是外套與洋裝是否有整體感。洋裝宜挑選簡單但貼合身形，或剪裁優美、不過度誇張、沒有太多累贅裝飾的款式，盡量多研究之後再決定，同時也要依照需求，因應不同 TPO 來選擇造型及材質。

至於日常服裝，如果平時就穿著連身洋裝活動，一旦碰上需要穿著晚禮服或雞尾酒禮服的特別場合，就會顯得格外從容自在。

連身洋裝基本上也是夏冬各準備 7 件，包含春秋等過渡期在內。其中須包含有搭配外套的組合款式夏冬各 3 件，再加上單品外套及開襟外套夏冬各 3 件。如果需要晚禮服或雞尾酒禮服，可以事先準備。平常既然已經穿慣了連身洋裝，挑選上想必不會有太大問題。

基本單品

套裝裙裝派	連身洋裝派	套裝褲裝派
套裝 夏冬各 7 套 （含春秋 3 套）	**洋裝** 夏冬各 7 件 （含有搭配外套的組合款式夏冬各 3 件）	**套裝** 夏冬各 7 套 （含春秋 3 套）
襯衫 五分袖 7 件 長袖 7 件 特別款 3 件		**襯衫** 五分袖 7 件 長袖 7 件
鉤織針織衫 2 件 **裁縫針織衫** 2 件 **開襟外套** 3 件 **長大衣** 3 件（雨用另備）	**單品外套** 夏冬各 3 件 **開襟外套** 夏冬各 3 件 **長大衣** 4 件（雨用另備）	**鉤織針織衫** 夏冬各 3 件 **裁縫針織衫** 夏冬各 3 件 **長版上衣** 3 件 **開襟外套** 3 件 **短外套** 3 件（雨用另備） **長大衣** 1 件

套裝裙裝派

日常穿著以襯衫加裙子為基調，如果適合，外出也可以這樣搭配。外套及裙子不要有太多零散的單品，最好採購成套的套裝，套數無需太多，基本上夏冬各 7 套，兩季都要準備能在春秋等過渡期穿著的服裝。

襯衫以類近款式為佳，備齊不同顏色，選擇五分袖及長袖款。對套裝派來說，襯衫是穿搭時的視覺焦點，即便是一樣的套裝，換上不同的襯衫就能呈現另一種魅力。

• 創造自己的衣裝風格

1. 精選單品，確立自己的穿著風格

只要確立服裝的基本風格，就不會買錯衣服。但若不想太快底定風格，就要有買錯了也不在意，一邊嘗試犯錯、一邊鑽研穿搭的認知。

想確立自己的風格卻不得其法時，可以觀察衣櫥裡哪種款式最多，暫時以此為基調。只要決定好一個方向，就能減少無謂的浪費。女性的服裝風格通常可分為三大類：套裝裙裝派、連身洋裝派及套裝褲裝派。如果舉棋不定，每一種都想嘗試，就會變得風格紊亂，單品配件也難以齊全。

一旦決定好服裝風格，接著就是選擇款式及剪裁，顏色及材質也是以此為基準。決定款式、顏色及材質時要考慮 TPO，設想穿著的情境。沒有故事的服裝，等於缺少了靈魂。

- T：**時間**（早晨、中午、傍晚、夜晚）
- P：**地點**（街上、職場、飯店、住家附近、公園、自宅、別人家、學校等公眾場所）
- O：**目的**（工作、會議、面談、園藝、家事、購物、宴會、聚餐、懇親會、拜訪）

挑選出適合這些情境的服裝，實際穿著時，則無需拘泥於原本的搭配，可以自由變化。

家中的工具與餐具

電動工具	專業食物調理機 果汁機 榨汁機 精米器			
手動工具	菜刀（圓頭） 水果刀 料理剪刀 切片器 削皮器 去芯器 磨泥器（白蘿蔔、薑、山葵、起司） 開罐器 開瓶蓋器 開瓶器 榨汁器 計量器 測量勺	研磨缽・杵 木製飯桶 砧板 竹篩 濾油罐 網篩 蒸籠 調理盆	湯勺 鍋鏟 木製煎鏟 飯匙 撈油網 料理夾 長筷	平底鍋（不沾鍋、鑄鐵鍋） 不鏽鋼鍋 琺瑯鍋 銅鍋 壓力鍋
餐具	* 下表以 Ø 代表直徑 / cm 淺盤：Ø 30 Ø 28 Ø 25 Ø 23 Ø 21 Ø 19 小碟：Ø 10 深盤：Ø 23 大碗：Ø 20 Ø 18 矩形長盤：10×200 杯墊、盤墊	玻璃杯 保溫杯 紅酒杯 玻璃純酒杯（含日本酒）	餐具組（餐刀、叉子、湯匙〈含甜點匙〉、茶匙、公用匙、筷子）	

10. 工具和餐具要重質不重量

工具的配備

料理用的工具包括電動及手動。想縮短時間，電動產品是最好的選擇，但很多人一想到要特地把這些工具從櫃子裡拿出來，使用前後都要清洗，就覺得費事又麻煩。因此，家中不要堆置太多電動產品，也不要因為覺得麻煩，完全不拿出來使用。

如果有某種工具看似好用，但可能非到萬不得已才會派上用場，最好就不要購買。不過，像是專業食物調理機、打蛋器、果汁機及榨汁機這些廚房常用的工具，備齊的話確實會讓生活更為便利。

手動工具通常不太占空間，也可長久使用。3 種平底鍋、5 種鍋類、3 種菜刀及砧板、3 種圓盆、3 種濾網、3 種餐墊及桌巾各 7 塊、研磨缽・杵、計時器、料理秤、刨絲・磨泥器（磨蘿蔔泥、山葵、薑泥及起司）、長筷、木勺、湯勺、鍋鏟、防燙夾、矽膠製抹刀等，是基本的必需品。

餐具的選擇

西式餐具基本上選用白色系，重點是款式一致、符合個人喜好、品質優良、容易更換和補充。餐具不必區分待客及日常，統一使用一套即可，筷子及刀具也是。如果經常旅行，可以準備隨身攜帶的專用杯筷。

即使家中有的都是西式餐具，仍可盛裝日式料理；筷子、碗也能與西式餐具搭配組合。如果平常的飲食多是日式料理，可以全使用日式餐具，偶而以陶製器皿盛裝西式料理，也是另一種時尚樂趣。

季節家庭活動

春	・聖蠟節[1]（La Chandeleur ；2 月 2 日）→ 吃可麗餅 ・節分（立春前日）→撒豆子（大豆、花生），以當年生肖的人為主角 ・女兒節・上巳節（3 月 3 日） ・復活節（3 月 22 日~4 月 25 日間的星期日，每年變動）→吃彩蛋及兔子造型點心 ・端午節（5 月 5 日）
夏	・七夕（7 月 7 日） ・煙火大會 ・盂蘭盆節 ・音樂祭
秋	・豐收節 ・重陽節（9 月 9 日） ・中秋節 ・薄酒萊新酒節（Beaujolais Nouveau Jour） ・萬聖節（10 月 31 日）
冬	・聖誕節（12 月 25 日）→從 4 週前開始準備 ・元旦（新年；1 月 1 日） ・七草節（人日；1 月 7 日）

註 1　對古羅馬人來說，二月二日的聖蠟節是每年的「第一天」，亦即冬春交際的分界點，人們會手持火炬蠟燭，慶祝陽光即將來臨、祈禱豐收。在法國西北的布列塔尼，則會用前一年剩下的小麥，加上雞蛋、牛奶做成可麗餅享用，金黃色、圓形的可麗餅象徵著太陽與希望。

9. 美食與對話，是最佳的生活調劑

「美食」如果搭配愉快的對話，更能提升營養的價值與效果。

享用美食的場合自然也要講求氛圍和情境，首先就從餐桌的擺設開始吧！

擺放餐具的時候，要注意是否方便拿取及用餐。

盛盤時要注意立體感，也要講究方便性及美觀度。

餐桌上可以裝飾美麗的鮮花，只有一朵也無妨。即使是享用日式料理，也可以擺設餐墊與餐巾。

此外，可以買一雙大小適合慣用手的筷子，用起餐來更方便，也更顯優雅。

在家裡，可以舉行季節性的聚餐，邀請親朋好友盡興同樂。

就算是一個人生活，也可以招呼好友熟人常來吃飯暢談，辦個閨蜜派對也不錯。

一旦大家都習慣了邀請彼此到家中做客歡聚，生活也會充滿更多樂趣與調劑。

8. 吃身體想吃的，是第一要務

想擁有美好健康的生活，就要習慣多吃當季食材。停止吃眼睛想吃的東西（追逐流行的食材），春天嚐苦，夏天品酸，秋天啖鹹，冬天食甜，讓味覺記住季節更迭的感受。

丟掉加工食品，回到天然食物的懷抱。飲食時細嚼慢嚥，將注意力集中在食物上，游刃有餘地品享。調整好飲食習慣，身體自然會告訴你想吃什麼。為了提升免疫力，也要多攝取抗氧化食品。除了下表內的食材，也可留意身體是否有想要攝取的其他食物，尤其是蔬菜。

抗氧化食物

蔬菜	水果	飲料	海鮮・肉類	其他
南瓜	酪梨	紅酒	竹莢魚	芝麻
高麗菜	黑醋栗	洋甘菊茶	鮭魚卵	蕎麥
羽衣甘藍	木瓜	可可亞	沙丁魚	黃豆
番薯	柿子	綠茶	鰻魚	紅豆
洋蔥	奇異果		牡蠣	黑豆
番茄	葡萄柚		螃蟹	杏仁
茄子	香蕉		草蝦	松子
胡蘿蔔	葡萄		鮭魚	花生
蔥	藍莓		鯛魚	
花椰菜	覆盆子		鮪魚	
菠菜	蘋果		牛肉	
蓮藕			鹿肉	
			雞肉	

7. 簡單上手的私房家庭料理

火鍋做起來輕鬆簡單又不花時間，算是代表性的家庭料理。一般來說，只要製作過程不太複雜，又能事先準備的料理，都不會太費時。只需燒烤，或將蔬菜與肉、魚一起蒸煮，以及製作一次就能保存許久的菜色，如冬天的燉煮蔬菜或夏天的清爽醃菜，都是不錯的速簡料理。

有些料理能在短時間內完成，有些則比較費工，其實只要熟悉料理過程，即使是較麻煩的菜色也能輕鬆做好。此外，在一道菜色中包含多種食材的料理（如咖哩），事後清理也很容易；丼飯則是能快速完成。多嘗試各種容易上手的料理，把它們變成自家私房菜吧！

可以輕鬆料理的季節美味

春	夏	秋	冬
燉煮豌豆蘆筍	燉煮番茄魩仔魚	香菇燉飯 栗子燉飯	菠菜牡蠣燉飯
竹筍培根義大利麵	熱那亞風義大利麵	伐木工人螺旋麵（Boscaiola；香菇、鮪魚） 番茄義大利馬鈴薯餃	義大利肉醬麵 培根蛋義大利麵
豌豆飯 香菇飯	紫蘇飯（梅子與青紫蘇葉）	香菇炊飯 什錦炊飯	蕪菁白蘿蔔葉菜飯 黑豆飯
魩仔魚丼	味噌冷湯	炒豆腐丼	醬汁豬排飯
雜豆湯 海帶芽湯	西班牙冷湯	蔬菜湯 義大利雜菜湯（minestrone）	味噌豬肉湯 蔬菜燉肉鍋 甜菜根湯

調味料的基底

日式料理	中華料理	義大利・法國料理
柴魚昆布湯頭 小魚乾湯頭 香菇昆布湯頭	雞骨湯頭	法式清湯 小牛肉清湯 香炒蔬菜醬
砂糖 鹽 醋 醬油 味噌 味醂 日本酒 鹽麴 芝麻 芝麻油	鹽 醬油 黑醋 紹興酒 麻油 芝麻醬 豆瓣醬 甜麵醬 XO 醬 蠔油 酒釀	砂糖 鹽 葡萄酒醋 胡椒 辣椒 橄欖油 奶油 芥末 葡萄酒 松露油 黑醋
柚子 臭橙 酢橘 山椒 胡椒木 青紫蘇葉 茗荷 芥子 辣椒 山葵 薑	大蒜山椒 辣椒 蔥 薑 干貝 蝦米 芥子	蒜頭 羅勒 迷迭香 油漬鯷魚 酸豆（續隨子） 檸檬 美乃滋

* 酒釀可用酒糟 200g、水 200g、黑醋 75cc、黑糖 75g 加熱後混合製成，用以提味。

例如，將茄子切成薄片，撒上鹽巴蒸煮五分鐘，就是一道好吃的小菜。想做成日式風味，可以用薑絲、柴魚片及醬油調味。中華料理是用蔥花、薑、芝麻醬及醬油、砂糖調味，也可以改用蔥花、薑、豆瓣醬和醬油。義大利風味則是用橄欖油、胡椒鹽加巴西里葉，或是做成羅勒青醬。

其實，現今的料理已經沒有國界之別，只要懂得搭配美味的食材，再運用適當的調味，就能成就一道道完美的佳餚。

6. 醇味、沾附、風味

平常能品嚐出的味道，除了甜味、酸味、鹹味、苦味、鮮味等五種味道，還有澀味及辣味。

而做出好吃料理的秘訣，就是要提出整體的甘醇味。甘醇味是鮮味濃縮之後的濃郁滋味，具有深度及厚度。

視覺上，要呈現誘人的光澤及造型，以促進食欲。此外，口感與咀嚼聲也能提升美味的程度。

料理的整體味道要兼具香味及風味，所以需要加入能增添風味的食材。例如，麵類的調味要能襯托出麵條的美味，因此醇味、沾附及風味三者缺一不可。藉由肉類、魚類與蔬菜搭配時熬出的加倍鮮味，可以提升整體的醇味。

接著，為了讓鮮美的湯頭及醬汁能平均沾附到所有麵條上，蔬菜、麵包粉及油脂就成了要角。加入青紫蘇葉、茗荷、薑、蒜頭、巴西里葉、羅勒等香料，也能增添風味。

4. 調味之前的注意事項

我們常以為料理的美味來自調味，但若對調味不是很有自信，只要簡單地展現食材原味就好。

想展現食材的原味，首先要提升刀工，以及對火候的掌控。

切菜時，多訓練自己的注意力，同時還要講求精密度（統一大小、厚度及適口度）。

至於火候，則要培養對溫度的敏感度（不只是調整火力大小，還包括將炒鍋暫時移離爐火、利用餘溫拌炒或燜煮等）。小火烹煮會使食材變得柔軟，大火拌炒則比較爽脆、有口感。

還無法熟練掌控時，可以利用計時器來幫助調整爐火的強弱。

燜煮、汆燙、燒烤這幾個技巧，最忌諱的就是「過與不及」，一沒拿捏好，不是太熟就是太生。因此，可以提早關火利用餘溫熟成，以免烹煮過頭損及風味。能精確掌控火候的人，才稱得上是料理專家。

5. 融合各國特色的調味

接下來要教大家利用不同的湯頭、調味料及香料，將相同的食材烹調成日式、西式及中華料理的風味。

專業的料理高手，通常都能跨越國界，擅用所有的香料來提味，端出全新的創意料理。不過，家庭料理最好不要輕易這樣嘗試，只要運用簡單的調味，就能做出有媽媽味道的可口家常菜。

鮮味的成分

麩醯胺酸	肌苷酸	鳥苷酸
高麗菜 蕈類 牛蒡 番薯 馬鈴薯 薑 黃豆 西洋芹 洋蔥 番茄 胡蘿蔔 蒜頭 蔥 白菜 花椰菜 綠茶		番茄乾 香菇乾 牛肝菌
海藻（昆布、海帶芽）	柴魚片 鯖魚乾 小魚乾 魷魚 海膽 草蝦 牡蠣 螃蟹 鯛魚 海苔 鮪魚	海膽 螃蟹 干貝
起司 生火腿	雞骨 肉類（豬、牛、雞）	

白色食材（洋蔥、白蘿蔔、蕪菁、白菜、馬鈴薯、芋頭、山藥、豆腐、豆渣、魩仔魚、白芝麻、起司及白米等）最適合襯托其他食材並提味，搭配起來也最不易失敗。

特性的組合

當食材的特徵與個性過於強烈，就得特別留意。個性強烈的蔬菜（春菊、四季豆、芹菜等），很有可能蓋過其他食材，必須做出適當的搭配，才能展現其特有風味。

例如，四季豆可以和培根拌炒、或做成炸天婦羅，都非常可口。春菊通常是壽喜燒的配菜，但若單獨食用，反而更能嚐到其獨特風味。

藉著與其他食材搭配，個性強烈的食材也會變得好吃，還能提升營養價值。因此，務必要選擇能製造加乘效果的食材來搭配組合。

鮮味的組合

料理的鮮味，是由含有麩醯胺酸（glutamine, 一種氨基酸）與含有肌苷酸（inosinic acid, 一種核苷酸）的食材一起烹煮後所產生的美妙滋味，最具代表性的就是日式料理的湯頭（昆布＋柴魚片或小魚乾）。

此外，還有味噌、蔬菜加小魚乾湯頭的組合，以及胡蘿蔔、洋蔥、芹菜等製成的香炒蔬菜醬與肉類的組合。中華料理在翻炒肉片之前，會先加入蔥、薑、蒜用油爆香，除了取其香味，更是為了增加料理的鮮醇度。

番茄、蕈類及洋蔥與肉類一起烹煮，也能完美融合麩醯胺酸及鳥苷酸（guanylic acid, 一種核苷酸），讓食物更加美味。

蒸煮

蒸煮食材，可以留存住蔬菜（肉類及魚類也是）最多的營養，直接食用就很美味，因此最好加強自己的蒸煮技術。蒸煮時的調味以簡單為原則，料理步驟越少，越能展現食材的原始風味。

醃漬

這個方法能使食材的美味加倍，同時省卻料理時的調味步驟。經過醋漬、鹽漬、味噌漬、酒粕漬、米糠漬之後，肉類及魚類只需燒烤，蔬菜則是清洗過後就能直接食用。

以發酵食品調味

想讓食材更好吃，以發酵製成的基礎調味料（柴魚片、醬油、味噌、釀造醋及味醂等）要選用優質產品，才能維持並增添其風味。日本原來就有許多傳統的發酵食品，如漬菜及納豆，現代又多了優格、發酵奶油、起司、油漬鯷魚及各種醬料（魚露、蠔油及豆瓣醬等）。這些食品不僅風味鮮美，也有益於身體健康。

3. 食材的組合搭配

色彩的組合

蔬菜的色彩是判斷營養的標準，每餐以五色最為理想。白色和綠色、紅色，以及黃色、茶色等繽紛的色彩組合，不僅賞心悅目，更能促進食欲。

當季食材清單

春	夏	秋	冬
蘆筍	菜豆	蕪菁	花椰菜
土當歸	毛豆	蕈類	小松菜
豌豆	青紫蘇葉	牛蒡	白蘿蔔
胡椒木	南瓜	蕃薯	生薑
新高麗菜	黃瓜	芋頭	白菜
新馬鈴薯	獅子唐青椒仔	春菊	菠菜
新洋蔥	新茗荷	胡蘿蔔	高麗菜芽
芹菜	番茄	蔥	
西洋芹	茄子	花椰菜	
香菇	羅勒	山芋	
山野菜芽	茗荷	蓮藕	
油菜花			
巴西里			
蜂斗菜			
蜂斗菜花			
艾草			
土魠魚	竹莢魚	沙丁魚	牡蠣
蛤蠣	穴子魚	鯖魚	鮭魚
鯛魚	三線雞魚	秋刀魚	鱈魚
	鰹魚		比目魚
			鰤魚
			干貝
			鮪魚

1. 以蔬菜做為家庭料理的中心

蔬菜是否正當季或處於盛產期，是最容易判別的。因此準備料理時可以當季蔬菜為中心，搭配肉類或魚類烹調出美味的餐點。

當季食材的營養價值最高，味道也最為鮮美。

各地盛產的蔬菜都不相同，溫室栽培的技術也使得許多蔬菜全年四季皆可生產，因此要區分哪些是當季食材變得不太容易，養殖魚類也有類似的狀況。

不過，我們還是可以仔細觀察這個季節有哪些蔬果產量最多、價格最優惠，就代表這些是當季的食材。

食用當季的食材，可以使季節、食材與人產生連結，這在現代生活中非常重要。

2. 活用食材的 4 個方法

風乾

將蔬菜風乾可以提升風味並充分釋放營養，保存起來也更方便，幾乎每種蔬菜風乾後都具有這樣的效果。風乾的蔬菜加入料理能使菜色更加美味，也易於調理應用。

例如，胡蘿蔔（胡蘿蔔茶）、白蘿蔔（做成金平蘿蔔、醋醃蘿蔔等更為美味）、蕈類（易於保存、富含營養）等都是很適合風乾食用的蔬菜，即便在夏天也可以曬乾，而乾燥的秋、冬更是最適宜的季節。

常備菜的建議

全年	春夏	秋冬
清蒸蔬菜（紅蘿蔔、綠花椰菜） 卯花 甜葫蘆乾 金平菜（牛蒡、紅蘿蔔、羊栖菜、炸豆腐） 水煮黃豆 炸豌豆球 糖燒油豆腐	油炸茄子 普羅旺斯雜燴 酸醃菜 馬鈴薯沙拉 辣炒魩仔魚油豆腐	清蒸蔬菜（高麗菜芯、南瓜） 燉蔬菜（南瓜、牛蒡、蓮藕、乾香菇） 炒蕈類
醋漬菜（洋蔥、茗荷） 辣韮 梅乾	醋漬菜（茗荷）	醋漬菜（蕪菁） 涼拌蔬菜絲（紅白蘿蔔、柚子）
法式清湯 香炒蔬菜醬底（Soffritto）	番茄醬 咖哩	蔬菜燉肉鍋 雜豆湯 蔬菜湯 義大利肉醬 味噌豬肉湯
		鹽漬鰤魚 米糠漬魚（土魠魚、切片鮭魚）

●● 創造自己的飲食風格

不只是建立家庭之後，就算是一個人生活，「自炊」（在家自己做飯）也是基本的飲食原則。

真正的自炊，可不是買來外面的熟食裝盤充數，原則上就連合成調味料及事先完成的加工食品都應該盡量避用。無論加工食品如何物美價廉，抑或是名牌美食，一旦使用了這些人工製品，就難以創造出自己的「飲食」風格。

「飲食」做為人類的生命之源，是非常重要的存在，不該只以價格或高級與否來評價優劣。所謂的「飲食」，是以食材的生命延續人類的生命，有著神聖的意義。

想要創造屬於自己的「飲食」風格，最重要的原則就是——

運用營養豐富的食材，輕鬆、簡單地做出美味料理，然後愉快、用心地咀嚼及品嚐。

在建立「飲食」風格時，我們也必須思考這種飲食的準備模式，而製作常備菜就是其中一環。只要決定了自己喜歡的常備菜，事先做好處理，就能縮短每回料理的時間。

風格練習手帳本

日常生活決定了我們的人生品質，

而其中最重要的三根支柱就是衣・食・居。

這三者使人生得以成形，也為時代文化做出了一部分貢獻。

現代人已過著與世界文化融合的多元文化生活，

但我們還是可以試著盡量不受外界影響，

進化、發展出「自我的基本風格」。

就從現在起，一步步展開你的風格練習。